普通高等院校艺术类规划教材

建筑景观环境手绘技法表现

JIANZHU JINGGUAN HUANJING SHOUHUI JIFA BIAOXIAN

1 认知篇

2 学习篇

3 实践篇

4 赏析篇

金晶凯 著

中国建材工业出版社

图书在版编目（CIP）数据

建筑景观环境手绘技法表现 / 金晶凯著 . — 北京：
中国建材工业出版社，2014.10
ISBN 978-7-5160-0941-3

Ⅰ . ①建… Ⅱ . ①金… Ⅲ . ①景观设计－环境设计－
绘画技法－高等学校－教材 Ⅳ . ① TU986.2

中国版本图书馆 CIP 数据核字（2014）第 184778 号

内 容 简 介

本书由认知篇、学习篇、实践篇、赏析篇共四部分组成。在学习内容方面，以技能实践为主导，先认识、再学习、继而实践，最后通过大量的手绘效果图赏析以加深认知。在学习步骤方面，先安排单体的认识与练习，再进行完整的手绘表现。在学习过程方面，以启发思维、培养学生创造力为出发点，从临摹到学习分析、再到创作表现，由浅入深，由线稿练习到丰富的色彩、技法、表现手法、思维、创造力的学习，按部就班、循序渐进地理解并运用所学知识。

本书凝聚了作者多年的教学实践经验，无论是文字描述还是图片表现都以适合学生学习为出发点，重点阐述建筑景观环境手绘技法表现的学习方法，让学生在学习中感到亲切、易学、易掌握、好理解。

本书适合建筑、环境艺术、景观园林、城乡规划与建设等专业的学生学习，也可以供设计师和爱好者参考学习。

本书有配套课件，读者可登录我社网站免费下载。

建筑景观环境手绘技法表现
金晶凯　著

出版发行：中国建材工业出版社
地　　址：北京市海淀区三里河路 1 号
邮　　编：100044
经　　销：全国各地新华书店
印　　刷：北京中科印刷有限公司
开　　本：880mm × 1230mm　1/16
印　　张：9.5
字　　数：286 千字
版　　次：2014 年 10 月第 1 版
印　　次：2014 年 10 月第 1 次
定　　价：59. 80 元

本社网址：www. jccbs. com. cn　　　微信公众号：zgjcgycbs

本书如出现印装质量问题，由我社市场营销部负责调换。联系电话：（010）88386906

前　言
preface

“在世界的任何一个地方，打开任何一座建筑的门走进去，如果你这样做了，你就会注意到，你无需投入精力，就已经体验了对门后面空间的一种反应。”这是一位建筑大师的话。他告诉我们，每个人都会对身边的空间环境产生意识，无论你走到哪扇门，它都会给我们带来感悟，带来希望。对于学生来说，每扇门犹如每门课的知识，有学习的艰辛，也有学后的欢乐。而建筑景观环境的手绘表现，也正是这其中的一扇门，门后就是如何学习手绘表现，如何运用所学的知识与技艺来完成手绘效果图，如何成为一名优秀的设计师。

今天，我们的很多设计师就是靠徒手表现来与客户沟通，事实证明是可行的，而且是很重要的。学习手绘设计是一个很艰苦的过程，大部分学生都是“虎头蛇尾”。在计算机运用到各个设计领域的今天，越来越多的学生被电脑包围，打着学习电脑设计的幌子却成为了玩游戏的高手。而大部分学生在工作后才发现手绘对于设计工作的重要意义，不得不为表现不出理想的方案而追悔莫及。

本书就是以训练基本手绘技能为出发点，由初步学习逐步深入到能够做出一些初步表现与设计方案，为将来成为一名设计师打下良好的基础。本书分为四个部分，从认识、学习到实践、赏析。在学习内容方面，以技能实践为主线，以专业需求为导向，从单体的认识学习到较完整的手绘表现；在学习过程方面，以启发学生思维、培养学生创造力为出发点，从临摹到分析学习、创作表现，由浅入深，由线稿练习到丰富的色彩、技法、表现手法、思维、创造力的学习，一气呵成。

本书最大特点：由于本人多年从事专业设计与教学工作，力争从学生的实际需要出发，从文字描述到图片表现都是以适宜学生学习为出发点，突出说明建筑景观环境手绘技法表现的学习方法，并将各章节的学习转化为课程的设计学习，也努力做到设计课程，设计每个环节，从而使学生在学习中感到亲切、易学、易掌握、好理解。

本书最大优势：层次清晰，图片新颖，循序渐进，整体结构均来自于教学实践，大部分文字和图片也来自于对教学的认识、积累、总结和本人的手绘表现作品。

本书适合建筑、环境艺术、景观园林、城乡规划与建设等专业的学生学习，也可以供设计师和爱好者参考学习。

愿本书能对本专业和爱好本专业的读者有所帮助，也真心欢迎同仁的批评指正。

二〇一四年九月于冰城哈尔滨

“建筑景观环境手绘技法表现”课程 / 课时安排

建议 64 学时（8 学时 / 周 ×8 周）

<table>
<tr><th>项目分类</th><th colspan="2">课 程 内 容</th><th>课 时</th></tr>
<tr><td rowspan="4">项目一
认知篇

4 学时</td><td rowspan="2">一、认识建筑景观环境的手绘效果图</td><td>1. 认识建筑景观效果图</td><td rowspan="2">2 学时</td></tr>
<tr><td>2. 建筑景观效果图的种类</td></tr>
<tr><td rowspan="2">二、建筑景观环境手绘技法表现的构成</td><td>1. 建筑景观效果图的表现形式</td><td rowspan="2">2 学时</td></tr>
<tr><td>2. 建筑景观效果图构图</td></tr>
<tr><td rowspan="10">项目二
学习篇

16 学时</td><td rowspan="5">一、建筑景观环境手绘的基本表现元素与步骤</td><td>1. 基本形态的表现</td><td rowspan="5">8 学时</td></tr>
<tr><td>2. 单体与小环境的练习</td></tr>
<tr><td>3. 配景的练习</td></tr>
<tr><td>4. 色彩的认识</td></tr>
<tr><td>5. 场景的表现方法与步骤</td></tr>
<tr><td rowspan="5">二、建筑景观环境透视的学习与认识</td><td>1. 一点透视场景的学习与认识</td><td rowspan="5">8 学时</td></tr>
<tr><td>2. 两点透视场景的学习与认识</td></tr>
<tr><td>3. 轴测图的学习与认识</td></tr>
<tr><td>4. 鸟瞰图的学习与认识</td></tr>
<tr><td>5. 相关透视图的学习与认识</td></tr>
<tr><td rowspan="9">项目三
实践篇

42 学时</td><td rowspan="3">一、建筑景观环境方案的手绘表现</td><td>1. 草图方案稿的手绘表现</td><td rowspan="3">8 学时</td></tr>
<tr><td>2. 透视效果图方案的手绘表现</td></tr>
<tr><td>3. 鸟瞰图方案的手绘表现</td></tr>
<tr><td rowspan="3">二、建筑景观环境快题的手绘表现</td><td>1. 别墅环境的快题表现</td><td rowspan="3">14 学时</td></tr>
<tr><td>2. 景观环境的快题表现</td></tr>
<tr><td>3. 建筑环境的快题表现</td></tr>
<tr><td rowspan="3">三、建筑景观环境效果图的手绘表现</td><td>1. 建筑景观效果图的表现</td><td rowspan="3">20 学时</td></tr>
<tr><td>2. 建筑景观鸟瞰图的表现</td></tr>
<tr><td>3. 建筑景观效果图的综合表现</td></tr>
<tr><td>项目四
赏析篇

2 学时</td><td colspan="2">建筑景观手绘效果图赏析</td><td>2 学时</td></tr>
</table>

金晶凯

高级工艺美术师

1982 年毕业于哈尔滨师范大学

原黑龙江省室内装饰工程公司总工程师

现为哈尔滨职业技术学院——艺术与设计学院环境艺术教研室教师

黑龙江省高级工艺美术系列高职评委会委员

中国美术家协会黑龙江省分会会员

主讲课程：《手绘技法》、《办公空间设计》、《餐饮空间设计》、《展示空间设计》、《景观设计》、《透视学》等。

目　录
contents

项目一 / 认知篇

一 认识建筑景观环境的手绘效果图

学习任务：认识建筑景观手绘技法的表现

学习目的：了解建筑景观手绘表现的基本概念

项目内容：建筑景观手绘的基础理论知识

实训要求：对建筑景观手绘表现的认识与理解

建议课时：2 学时

“建筑是汇聚在阳光下巧妙的、恰当的并且美好的形体游戏。”——勒·柯布西耶

无论何时，当你站在空间的某一个环境中，你都会看到不同的情景涌入眼帘，室内的、室外的；古代的、近代的；传统的、现代的；远到文艺复兴、巴洛克、洛可可等建筑风格，近到田园风格、简约风格、后现代风格等；无不彰显建筑的内涵、设计的精华与魅力。

那么对于设计师而言，高高的建筑，成片的植物，树木及人、车等物及构件等都是围绕环境来设计表现的。从“建筑”到“景观”，手绘就是要快速地表现这些环境，作为最直观的交流工具，是任何方式所不能替代的。手绘效果图语言特征也是明确的，个性化十足，每一张手绘表现都可以体现设计师本身的阅历和修养，设计的效果图也会有不同深度的表现。

图 1–1 和图 1–2，是建筑大师勒·柯布西耶的草图。图 1–3 ～图 1–11 是默菲·约翰的作品。

图 1–1 勒·柯布西耶手稿（一）

图 1–2 勒·柯布西耶手稿（二）

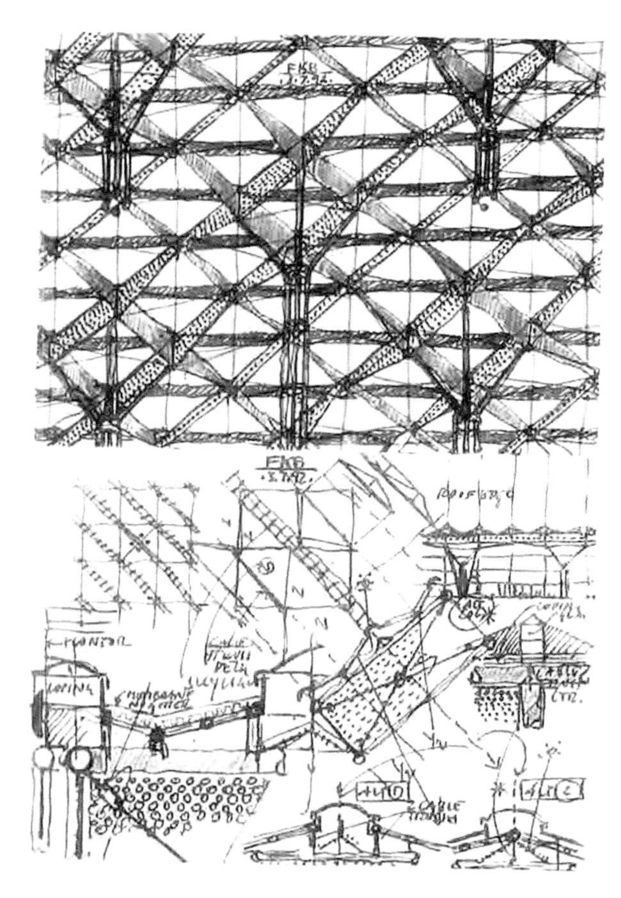

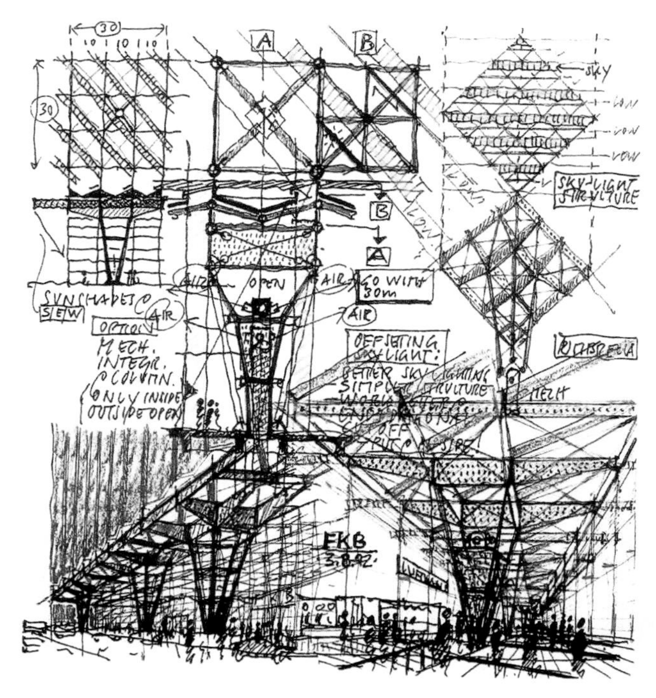

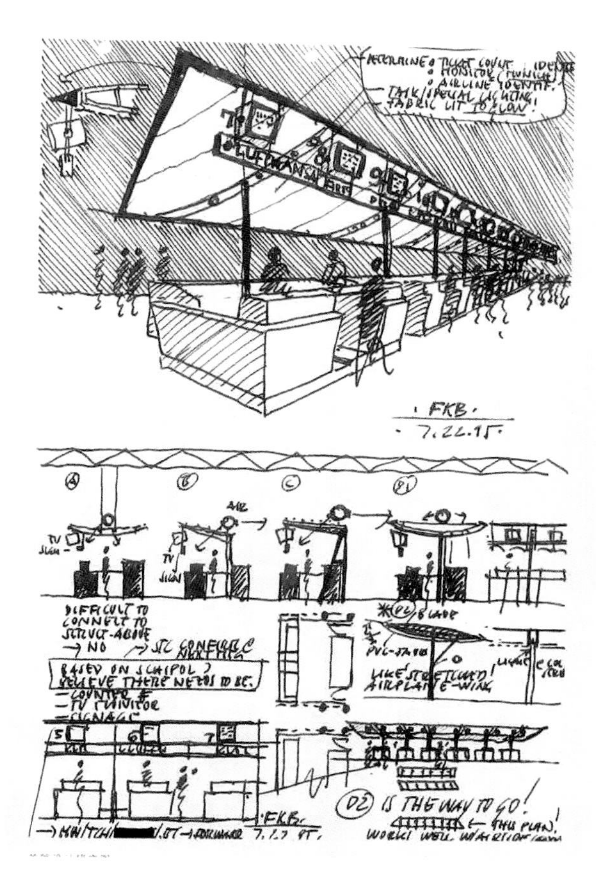

图 1-3	图 1-4
图 1-5	图 1-6

图 1-3 ~ 图 1-5
默菲 · 约翰 2002 年设计的德国科隆波恩机场手绘方案稿

图 1-6　德国科隆波恩机场的照片

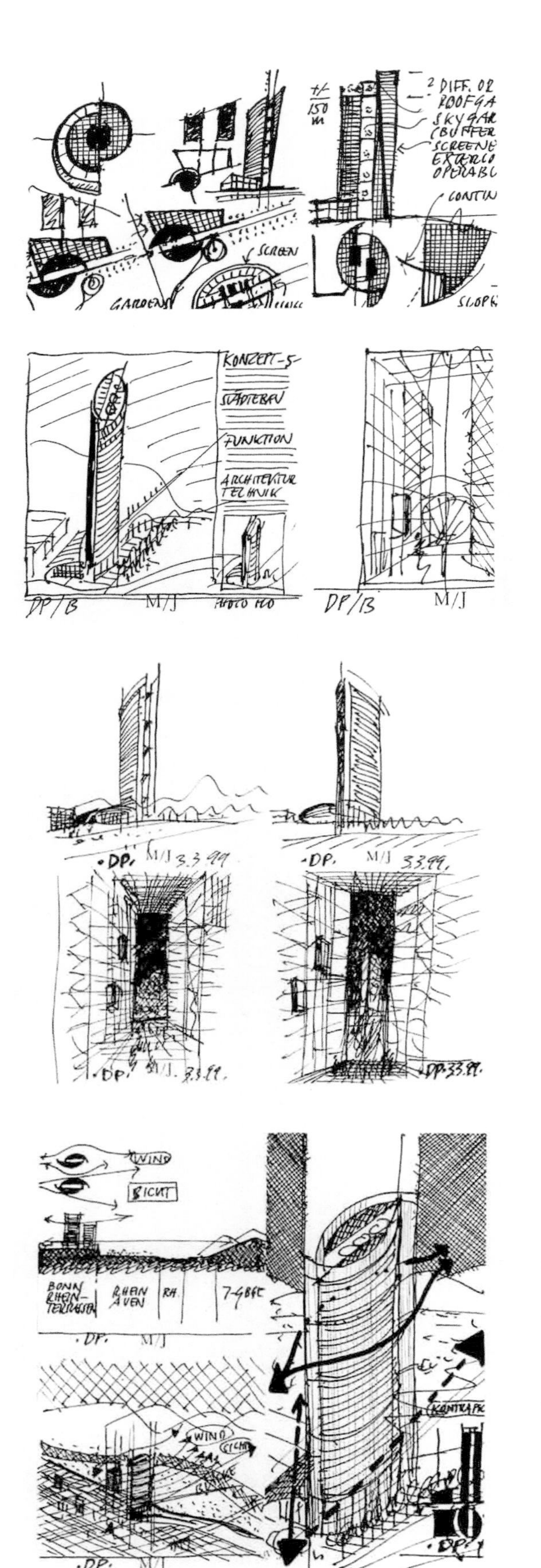

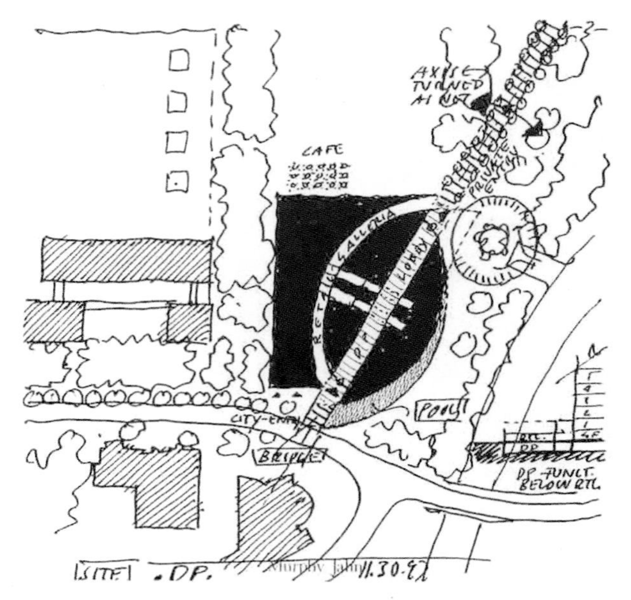

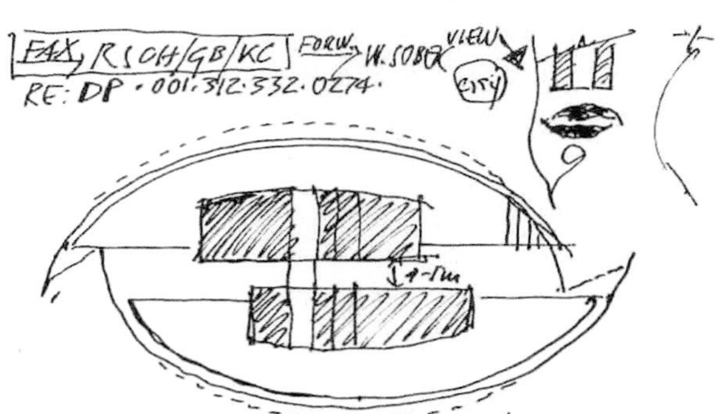

图 1–7 | 图 1–9
图 1–8 | 图 1–10 | 图 1–11

图 1–7 ~ 图 1–10 默菲 · 约翰 2003 年作品 邮政塔（德国）草图

图 1–11 默菲 · 约翰 2003 年作品 邮政塔（德国）效果图

从草图到效果图成稿，这是一个完整的设计过程。将符号、模糊抽象的图形变为大师的新设计元素，大师在思考的过程中完成了设计作品（图 1-12 ~ 图 1-18）。

图 1-12、图 1-13　库普 · 希姆尔伯 2000 年作品 BWM Welt 信息中心（德国）

大师的草图都是有思想的连贯性，寥寥几笔，简单得不能再简单。有时它不需要让别人明白，在勾画和反复推敲的过程中，完成某一个完美的效果。当然这个过程，通常都需要较长的时间。

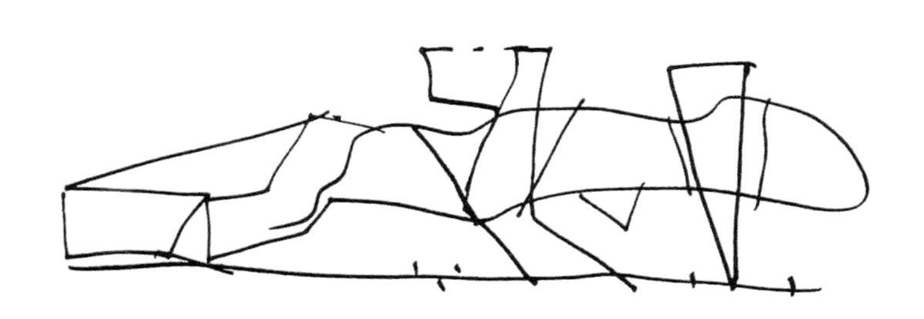

图 1-12　图 1-13
图 1-14
图 1-15

图 1-14、图 1-15　库普 · 希姆尔伯 2001 年作品　综合博物馆（法国）

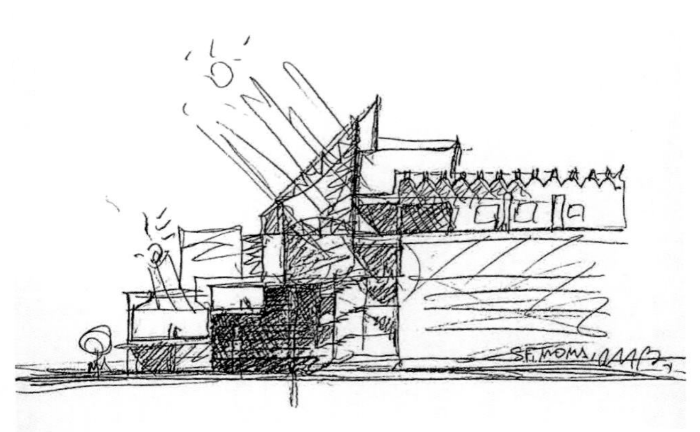

总之，手绘表现效果图常常是设计师与客户进行交流、沟通和讨论的渠道，能用很短的时间将设计师的想象（设想）显现出来，它比计算机来得快，在某种程度上是生动的、鲜明的。精湛的设计表现也常常会在大师的作品中反映出来。

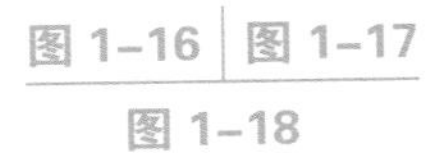

图 1–16 ~ 图 1–18
马里奥 · 博塔 1995 年作品
莫玛现代艺术博物馆（美国）

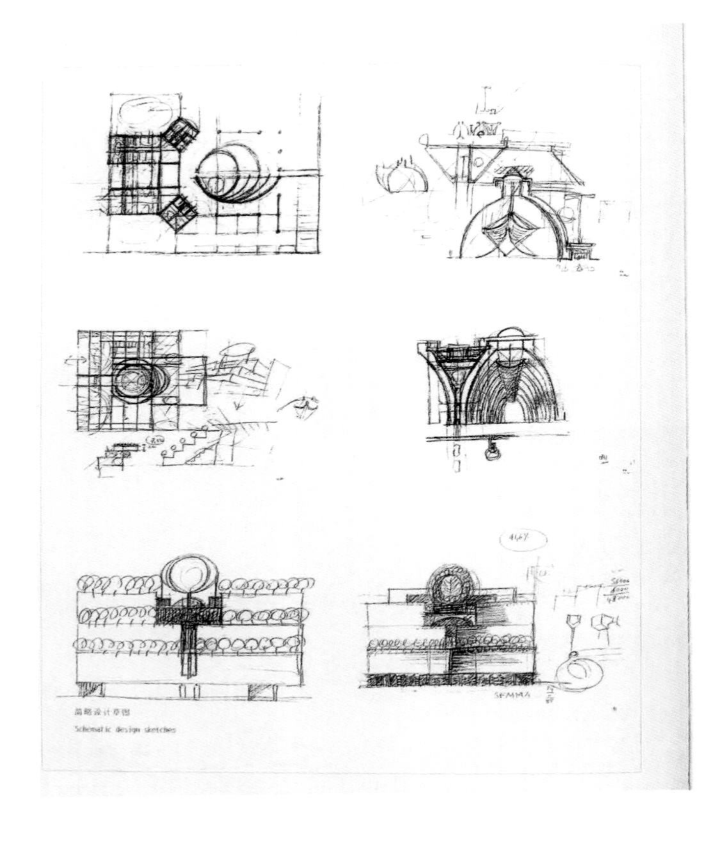

概念图不是完整的图纸，概念图是思考的符号，手绘效果图需要表现，更需要有概念图的思维能力。

“我并不是每个星期一早上就设计一栋新的建筑物。”——密斯·凡·德·罗

1. 认识建筑景观效果图

（1）效果图的概念

建筑景观效果图又称设计效果图、设计透视图，是设计整体工程图中的一部分，也是重要的一个环节，它的效果好与不好决定后期工程的施工、造价及最后效果，也能真正表现设计师的预想效果和风格（图 1–19 ～图 1–23）。

在运用上可以根据内容选择不同的技法，不同的表现形式，体现不同的风格。如是否将空间环境中的组织结构在效果图中表现出来；是否将单一的元素与周围的环境有机联系；是否将设计理念表现在效果图上；这些都值得我们深思。效果图作为表现形式，就是通过画面表现展示出来的。

效果图的另一个目的就是设计师将最初的理念通过效果图表现出来。优秀的效果图往往能体现其实用性与审美性。很多优秀的作品，都是从手绘表现并记录作品形成的过程开始的。所以，手绘效果图是设计师展示作品最重要的手段之一。

图 1–19　建筑景观环境 /A4 复印纸 / 线稿

图 1–20
建筑景观环境 /A3 复印纸 / 线稿

图 1–21
景观环境 /A4 复印纸 / 线稿

图 1–22
建筑景观环境 /A3 复印纸 / 线稿

图 1-23　景观环境效果图 /A4 复印纸 / 马克笔 / 彩铅

（2）效果图的作用

① 建筑景观环境效果图是艺术与科学的结合。要想完整地展现手绘的艺术效果，是需要设计师综合运用各种方式和手段来表述的。

② 手绘表现图是设计工作者以绘画的形式进行表达、交流的手段。

③ 通过效果表现图可检验景观和设计的预期效果，继而进行推敲和修正，以便更合理、更科学地改进整个设计。

④ 如何将设计创造思维流畅地表达出来是设计工作者面临的首要问题。

因此，手绘表现图是表现设计师创造力最便捷的方法之一，也是设计师应具备的基本技能。建筑景观环境手绘表现图以透视图法为基础，尤其是大环境的鸟瞰图和轴测图，对景观环境的表现力，对空间、色彩及环境气氛效果的感染力都是最实用、最直接的（图 1-24 和图 1-25）。

图 1-24　景观环境效果图 /A3 复印纸 / 马克笔 / 彩铅

图 1–25 建筑景观环境效果图 /A3 复印纸 / 马克笔 / 彩铅

“建筑如果不能表现内心深处的感受，就什么也不是，如果完全不同的事物争相要发声，那么在建筑上的表现也必然不一样。”——克拉姆

2. 建筑景观效果图的种类

设计师从构想到完成设计方案，都会采用不同形式、不同深度的手法来进行手绘表现。目前，常采用的表现形式为手绘效果图、计算机效果图、建筑模型、手绘与计算机结合等来表现设计的效果图；当然，我们还是重点学习手绘技法。

下面我们来简单认识几种表现形式。

（1）手绘效果图

建筑景观手绘效果图主要由草图和成稿两个阶段组成。这两个阶段是设计中非常关键和必须完成的环节。

① 草图阶段

草图构思作为初步的设计，只是一个规划设计形式，用于表达设计师初步的想法与理念。设计师在设计过程中的每个阶段都会画出一些所需的草图方案稿，也许是几笔，也许很完整，有平面、立面及空间环境的透视草图等。设计初期的草图能够反映设计师抽象的设计理念，他们会对空间环境进行分析、对周围环境进行构思，对方案进行自我推敲、深化，并思考以什么具体形式来表现，怎样与客户交流等；也是明确各个局部，把设计的符号变为实用元素，让功能更趋于实用，满足功能的基本需要；也是设计师之间交流的一种重要的语言（图 1–26 ～图 1–28）。

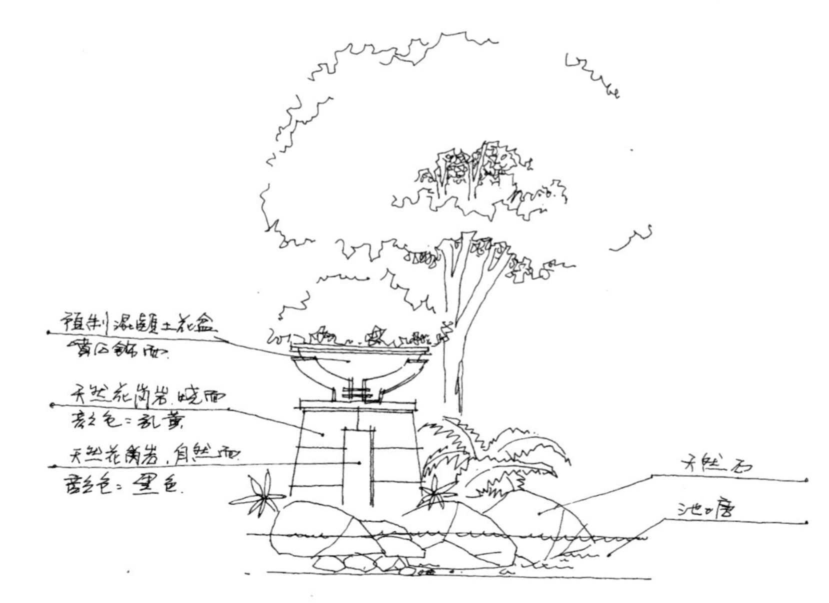

图 1–26
草图方案 /A4 复印纸 / 线稿

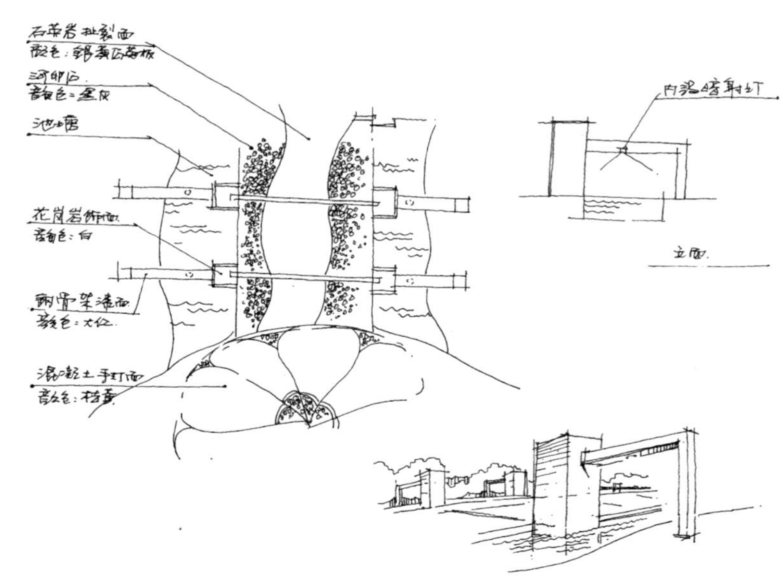

图 1–27
景观环境草图方案 /A3 复印纸 / 线稿

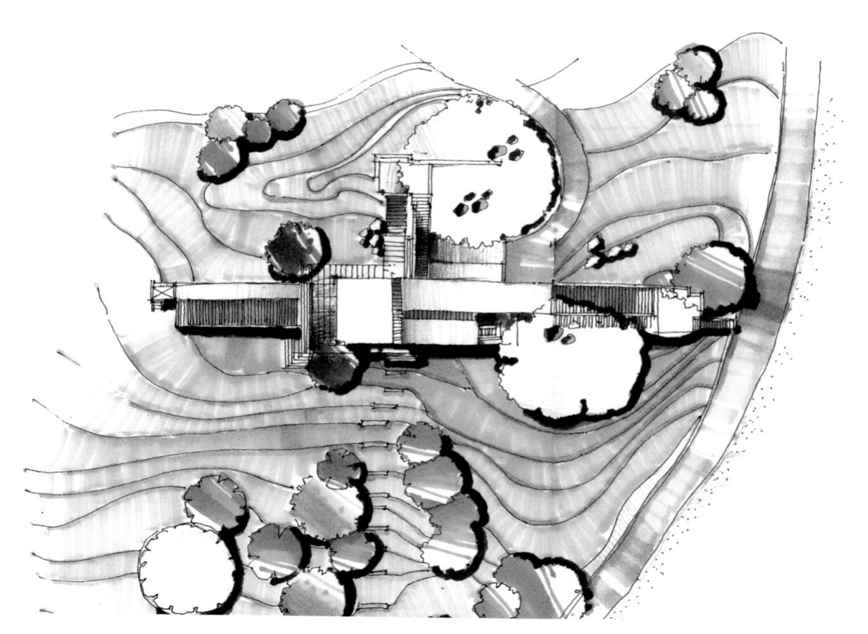

图 1–28
建筑景观平面图方案 /A3 复印纸 / 线稿 / 马克笔

② 成稿阶段

景观设计的成稿阶段要求画面表现的空间、造型、色彩、尺度、质感都应准确、精细，而且具有一定的艺术感染力。图 1–29 ～图 1–34，是两套从方案到成稿的案例。

图 1–29 所示为平面草图方案，是某公园主景水环境部分，画面用线条表现对平面布局的构思、位置及尺度的大小。

透视效果图是设计师对设计构思的再现，也是最直观的。

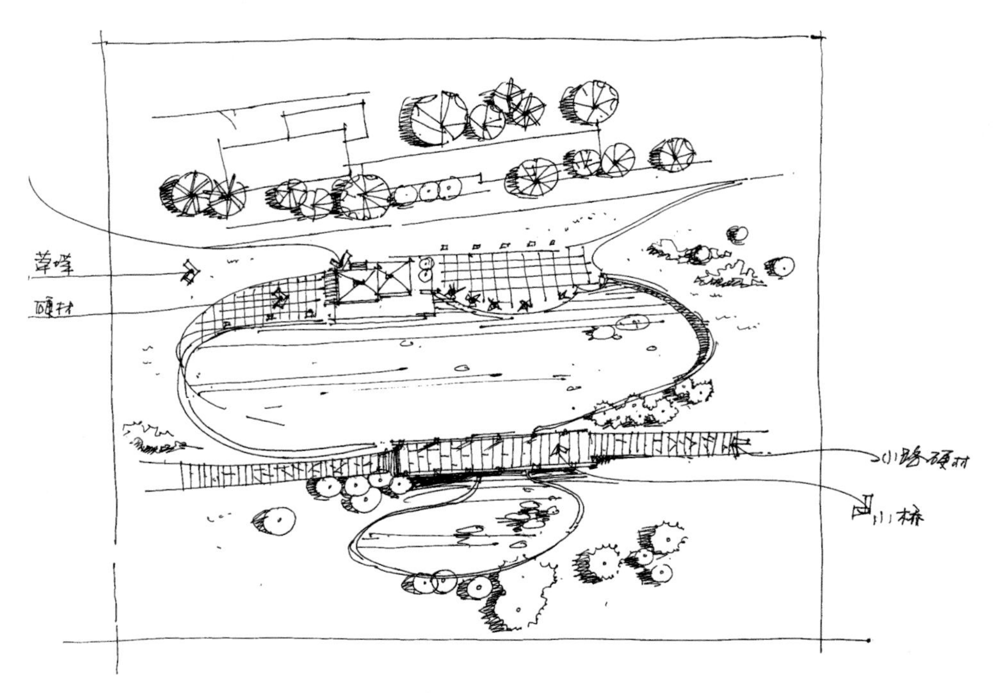

图 1–29 平面草图方案 /A3 复印纸 / 线稿

图 1–30 景观环境透视效果图方案 /A3 复印纸 / 线稿

图 1–31　景观环境透视效果图 /A3 复印纸 / 彩铅 / 马克笔

建筑草图，把握大的透视关系。

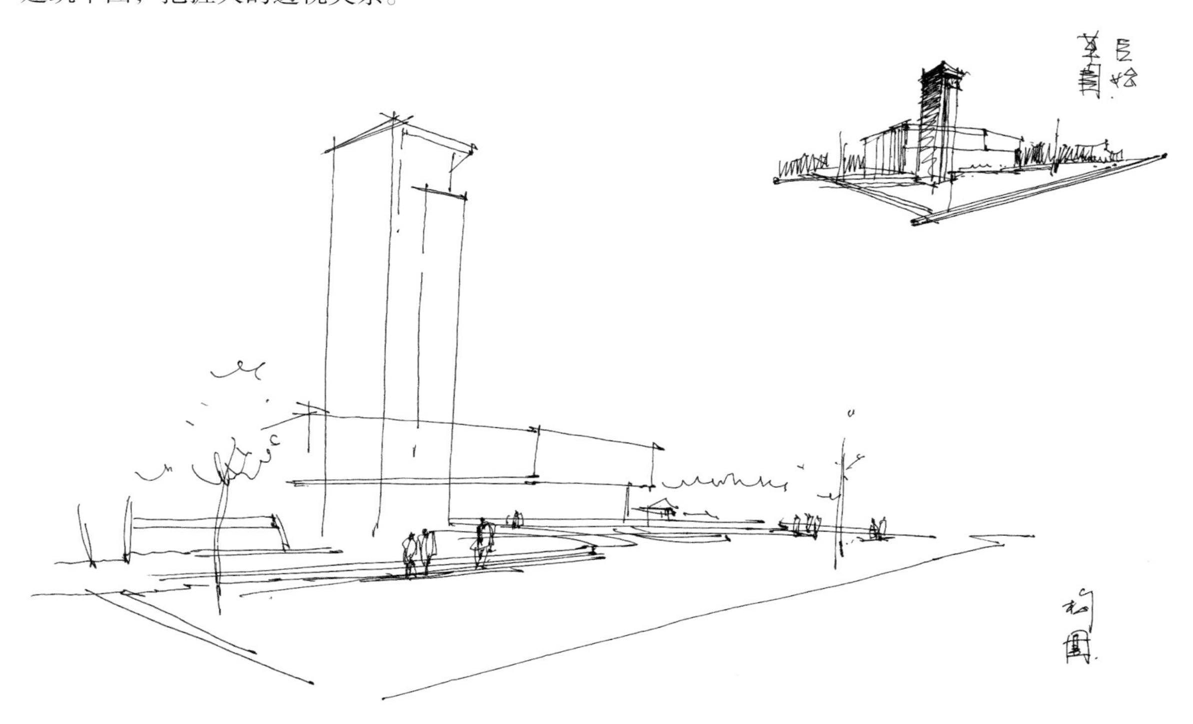

图 1–32　建筑透视方案 /A3 复印纸 / 线稿

图 1–33 建筑环境透视图 /A3 复印纸 / 线稿

图 1–34 建筑透视效果图 /A3 复印纸 / 马克笔 / 彩铅

（2）计算机效果图

目前，用计算机做效果图已经较为常见，而且普遍用于效果图的成稿阶段。常用的设计软件有CAD、3ds Max、Photoshop、SketchUp等。

下面是利用不同软件作为媒介来完成的效果图（图1-35～图1-41）。

图1-35是完全用Photoshop来完成的简单平面效果图。如果Photoshop掌握比较熟练，就可以表现一些场景比较大、内容比较丰富的效果图。

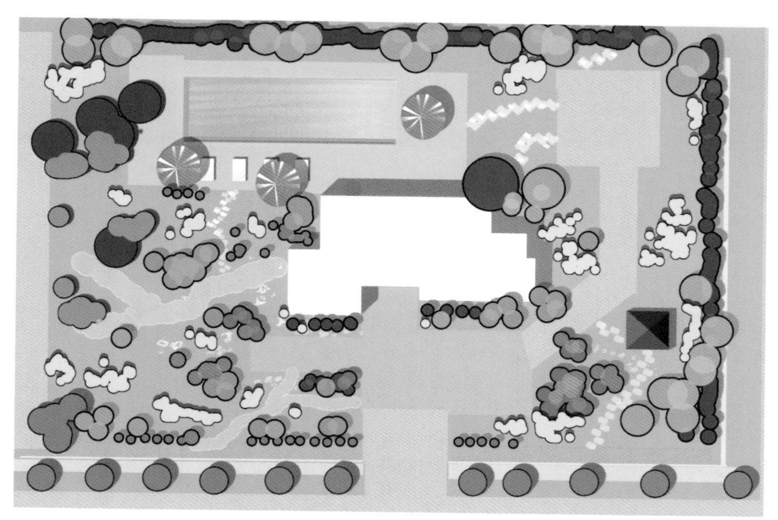

图 1-35
平面效果图 / 计算机 Photoshop

图 1-36
建筑景观透视效果图 / 计算机 3ds Max、Photoshop

图 1-37
建筑景观鸟瞰图 / 计算机 3ds Max、Photoshop

图 1-38
建筑景观透视效果图 / 计算机 3ds Max、Photoshop

图 1-39
建筑景观鸟瞰图 / 计算机 3ds Max、Photoshop

图 1-40
建筑景观鸟瞰图 / 计算机 SketchUp

图 1-41
建筑景观透视图 / 计算机 SketchUp

计算机确实给我们带来了接近于实景的效果图，但是如果没有设计的前期方案，没有设计的思想，计算机的设计也会失去它的真正意义。

（3）建筑模型

建筑模型（立体模型）是展示空间环境最好的表现手段，它可以精准的展现空间环境的尺度关系。在讨论设计方案时，它也是最直观的，是任何一种表现手法所不能比拟的。

下面是几位建筑大师的设计模型（图 1-42 ～图 1-46）。

图 1-42 阿尔瓦·阿尔托木拉萨罗作品（一）

图 1-43 阿尔瓦·阿尔托木拉萨罗作品（二）

从图纸到模型，再现设计的过程。模型加强了视觉感，清楚的交代了各结构的关系。模型也可以说是建筑设计成品的草图，可以更改，可以完善。

图 1-44 马里奥·博塔作品（一）

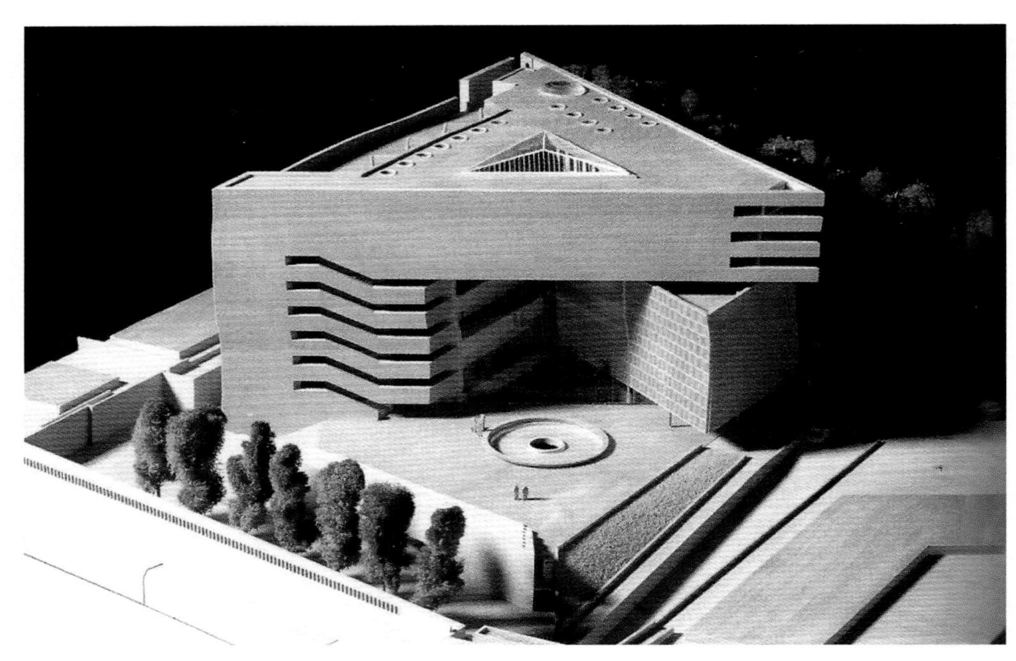

图 1-45
马里奥·博塔作品（一）

图 1-46 勒·柯布西耶作品

（4）手绘与计算机的结合

在建筑景观环境设计表现中，手绘与计算机的结合运用是目前普遍采用的表现手段。这也可以让一些手绘功底薄弱的人，利用计算机做一些补充效果。当然，运用科技手段与手绘表现结合完成的效果图及设计作品，是需要有熟练的手绘能力与坚实的绘画基础的（图 1–47 ～图 1–52）。

图 1–47　建筑景观 / 线稿

图 1–48　建筑景观效果图 / 局部

图 1–49　建筑景观效果图 / 计算机 Photoshop 表现技法

图 1-50

图 1-51 | 图 1-52

图 1-50 建筑景观效果图 / 计算机 Photoshop 表现技法

图 1-51 建筑景观 / 线稿

图 1-52 建筑景观效果图 / 局部

用 Photoshop 上色表现，需要有很好的绘画基础，可以在平时练习风景写生，来训练色彩的表现能力。

本节教学重点：

1. 了解认识效果图表现的作用。
2. 了解认识效果图表现的种类与方法。
3. 了解认识方案效果图与成稿效果图的关系。

课后作业：

1. 思考：如何认识手绘表现？
2. 思考：从大师的作品中能够看到什么？能够理解多少？

二　建筑景观环境手绘技法表现的构成

学习任务：了解建筑景观手绘技法表现的含义

学习目的：认识建筑景观手绘表现的基本元素

项目内容：认识建筑景观手绘的构图及构成元素

实训要求：加深对建筑景观手绘表现的认识

建议课时：2 学时

"在以往所有的设计实践之中，我学会了倾注耐心于聆听和理解公众，我认为这是从事建筑这门服务行业所必须具备的技能，不是为了获取名声或自我辉煌而不顾一切。"

——伦佐·皮亚诺

1. 建筑景观效果图的表现形式

（1）效果图表现工具

效果图手绘表现的工具基本上是以表现效果的形式来选择材料的。如画水彩，选择什么样的水彩纸；马克笔作画，选择什么样的纸张；使用什么样的笔、什么样的辅助工具等。下面就来逐一介绍。

纸

复印纸、素描纸、水彩纸、水粉纸、色卡纸、硫酸纸、马克笔专用纸等。

复印纸：优点是成本低，适合于平时练习和手稿；缺点是纸张薄，对于淡彩表现有难度。常用的为 73g 复印纸，如果想表现复杂一些的效果图，可选择 80g 复印纸。

素描纸：适合于手稿，少画一些颜色，比较出效果。

水彩纸：适合于作画时间较长，场景较大的表现图。通常以淡彩为主，纸张往往要裱在画板上。

水粉纸：与水彩纸在使用上基本相同，有区别的是水粉纸在表现上更适合于比较夸张的、表现力更强的设计效果图。

色卡纸：通常适合于表现特殊效果的场景手绘效果图。如冷色、灰色的卡纸可以表现办公环境及一些建筑景观环境的效果图，暖色、深色的卡纸可以表现餐饮环境、酒吧及夜景的手绘效图。

硫酸纸：通常用于拷贝底稿、更改草稿，用马克笔、彩铅上色，也会有一定的效果。

马克笔专用纸：为马克笔专用表现纸张，质地厚实、光滑，不易吸色。

不同的纸对效果图会产生不同的效果，所以在选择纸张上，一定要根据需要来确定。如画马克笔，要求比较高的画面表现效果，就可以选择马克笔专用纸来表现。

纸张常用的规格为 A4（210mm × 297mm）、A3（297mm × 420mm）、A2（420mm × 594mm）；8 开（273mm × 393mm）、4 开（393mm × 546mm）、2 开（546mm × 787mm）。

笔

铅笔、针管笔、钢笔、中性笔、彩色铅笔、马克笔、淡彩笔等（图 1-53）。

铅笔：一般用于画方案，或者打稿、透稿。以 H、HB、B、2B 较为常用。

针管笔：又称绘图笔，是画图纸最常用的工具（型号为0.05、0.1、0.2、0.3、0.4、0.5、0.8）。在手绘表现中，以0.1、0.3为主。优点是下水均匀，不掉墨色；缺点是画手稿，成本略高。针管笔品牌主要有日本樱花、德国施德楼、德国红环等。

钢笔：这是快速表现场景的最佳工具，快速草图方案稿、建筑景观速写都可以用钢笔完成，选择中高档的钢笔就可以使用。但如果创作比较详细的效果图，线稿还是需要针管笔或者是中性笔来完成。

中性笔：这是学生练习手绘技法的首选工具，成本低，使用起来比较方便。常用的规格以0.38、0.3为主（笔芯粗一点适合画草图方案）。

彩铅：彩色铅笔的选择很重要，多数同学不了解，结果买的彩铅画起来不上颜色，也很着急。彩色铅笔有水溶和普通两种，彩铅的品牌也有很多种，建议以“马可”彩铅为首选，因为比较容易上色，颜色很正，铅的软硬程度也比较合适。同学在选择时，只要能运笔流畅，易上色就可以。

水溶彩铅可以溶解线条，加强一定的表现力，是表现技法常用的手段（图1–54）。

马克笔：又称记号笔，由英文Marke音译。马克笔分为油性、水性及酒精三种（图1–55）。

图1–53 表现笔类

图1–54 彩色铅笔

图1–55 马克笔

目前市场上，销售的马克笔品牌很多，主要系列品牌有：德国（威迪）Edding、日本（裕垦）Yoken、美国 AD、日本 Copic、韩国 Touch, 美国（才德）Chafford，美国（三福）Sanford 等。近年来，国产品牌马克笔发展也很快，比较适合于初学者选用，如尊爵马克笔、凡迪 Fandi 马克笔。

无论选择哪种马克笔，都要根据对马克笔的掌握程度选择适合自己的。如果是初学可以选择较便宜的，价位在 3 ～ 5 元。如果达到了一定的掌握程度，可以选择价位高一些的。在颜色方面，可根据不同画面、场景的需要，来选择不同的颜色。

通常初学者都习惯在画面中运用很多颜色。实际上，真正优秀的作品，在色彩的运用方面，都是以 2 ～ 3 种颜色作为主调，来控制画面。当然，这需要在实践的过程中体会学习。常用的颜色如图 1-56 所示。

在学习的过程中，根据学习需要，我们还可以去补充一些颜色。如以建筑为主的环境，无论室内还是室外都应以冷灰或暖灰色调为主，采用的马克笔应是 CG、WG、BG 系列或色彩明度不是特别高的；如果是景观环境，颜色可以相对丰富一些。

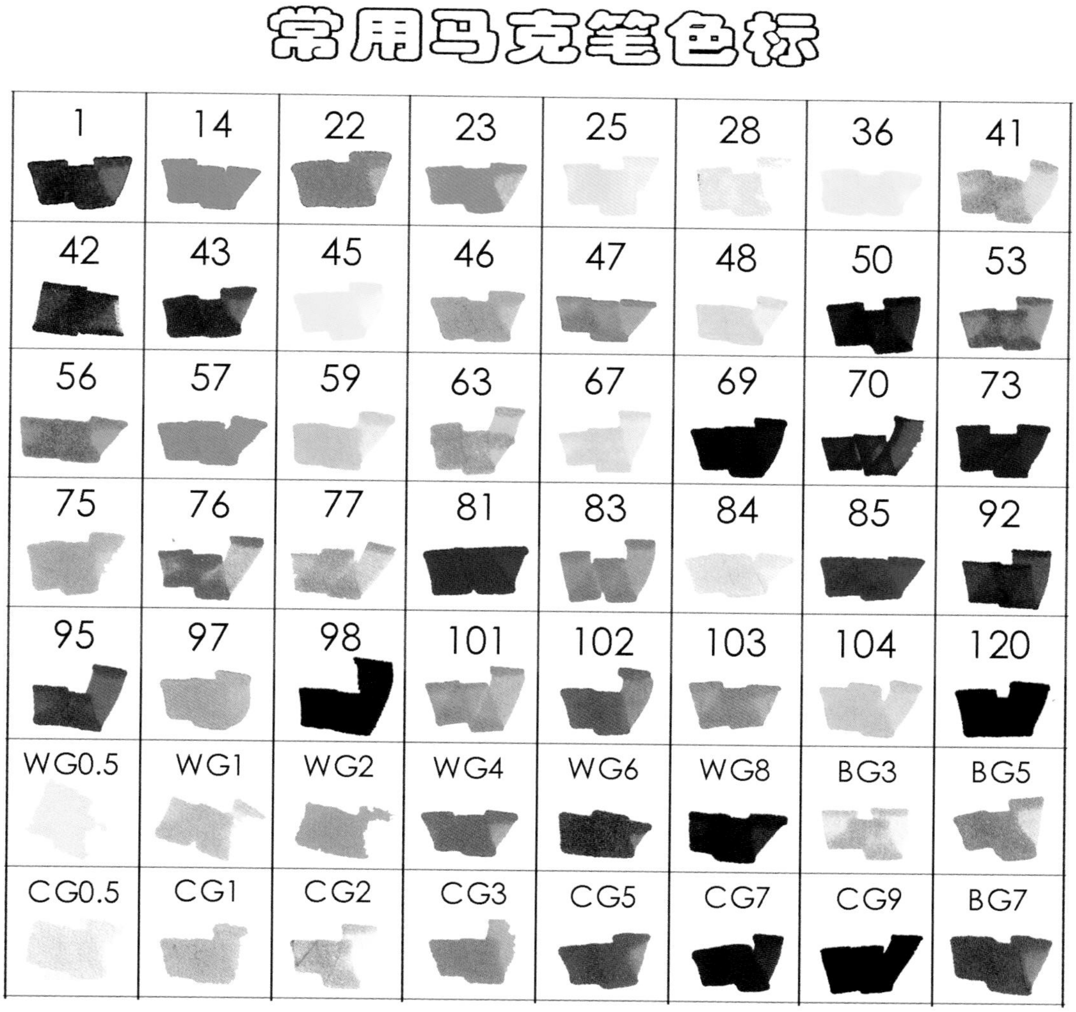

常用马克笔色标

1	14	22	23	25	28	36	41
42	43	45	46	47	48	50	53
56	57	59	63	67	69	70	73
75	76	77	81	83	84	85	92
95	97	98	101	102	103	104	120
WG0.5	WG1	WG2	WG4	WG6	WG8	BG3	BG5
CG0.5	CG1	CG2	CG3	CG5	CG7	CG9	BG7

图 1-56 常用的马克笔色标

在实践的过程中，可以将颜色分为暖色、冷色，重色、浅色。由于颜色很多，为了便于学习，在此选几个颜色的例子，如图 1–57 所示。

其他辅助工具：毛笔、水粉笔、叶筋笔、板刷、三角板、直尺、描红本、涂改液、白板笔、界尺、水胶带等。

相关的设备：有条件可准备“透台”。常用来修改手绘效果图用。

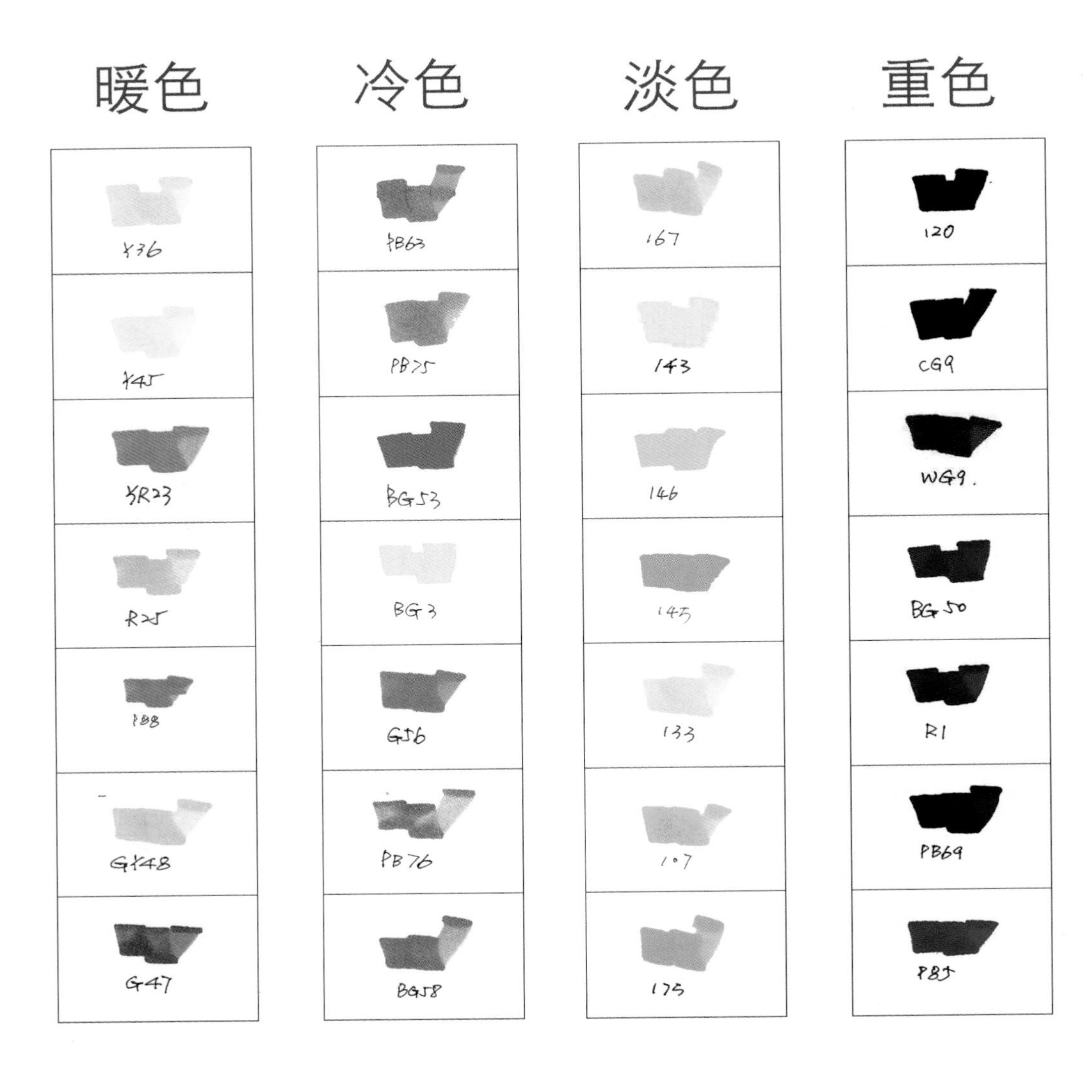

图 1–57 马克笔冷色与暖色、淡色与重色图表

（2）效果图表现形式

① 线稿的表现

画好线稿是设计师最基础的本领。在掌握线的学习上，要多看优秀的作品。线条运用的好坏决定了作品的最终效果（图 1–58 ～图 1–63）。

画线讲究方法，每个人的表现方式都不一样。线稿首先要注意握笔的姿势，注意手形，要做到指实掌虚，与书写的姿势相同。正确的用笔会带来流畅的线条。

图 1-58 建筑景观环境 /A3 复印纸 / 线稿

图 1-59 景观环境 /A3 复印纸 / 线稿

图 1-60 景观小环境 /A4 复印纸 / 线稿

图 1-61 水环境 /A4 复印纸 / 线稿

图 1-58

图 1-59

图 1-60 图 1-61

图 1–62
建筑景观环境 /A3 复印纸 / 线稿

图 1–63
建筑景观环境 /A3 复印纸 / 线稿

线稿的表现原则：心中有透视，掌握最基本的线的表现，熟知最基本的素描关系，学会构图，学会删减组织，控制画面的黑白灰。

② 淡彩的表现

淡彩在当今设计中，还是以前期的方案稿和后期的成稿表现居多。

淡彩就是以水彩为主，表现画面丰富，无论小方案还是大的成稿，表现出来都显得生动活泼，艺术性、品味较高。但是表现淡彩需要较强的绘画功底。所以在学习淡彩表现时，建议学习一些基本的水彩表现技法，多画建筑的速写，同时练习上一些颜色（以线为主，少许一些颜色）。如图 1–64 ～图 1–67 所示。

图 1–64 平面草图 /A4 复印纸 / 淡彩

图 1–65 建筑景观环境 /A4 复印纸 / 淡彩

图 1–66 建筑景观环境 /A4 复印纸 / 淡彩

淡彩在建筑景观效果图表现上是很多设计师首选的表现方法。

③ **彩铅的表现**

目前应用广泛，初学者容易掌握，应用起来比较方便，成熟的设计师也比较青睐彩铅。彩铅表现生动细腻，所以常用来描绘设计草图，如平面、立面、剖面及节点详图等，彩铅也往往对其他表现方法起到补充的作用，增加材质的变化和真实性。彩铅最鲜明的特点柔和、淡雅；缺点是厚重感不足（图 1–68 ～图 1–71）。

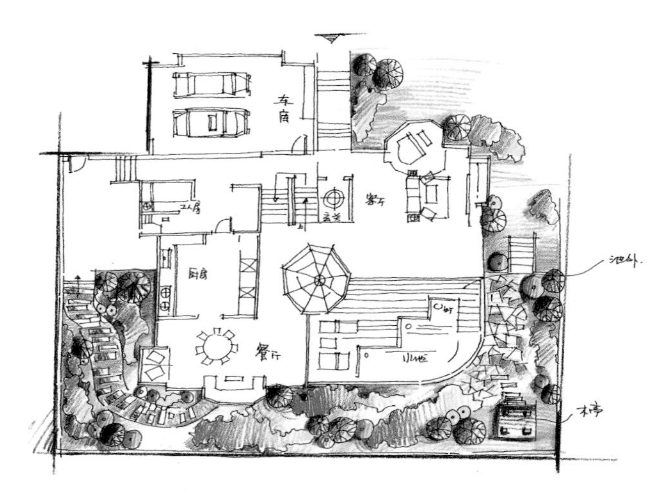

图 1–67
建筑景观环境 /A4 复印纸 / 淡彩

图 1–68
平面图 /A3 复印纸 / 线稿 / 彩铅

图 1–69
立剖面 /A3 复印纸 / 马克笔 / 彩铅

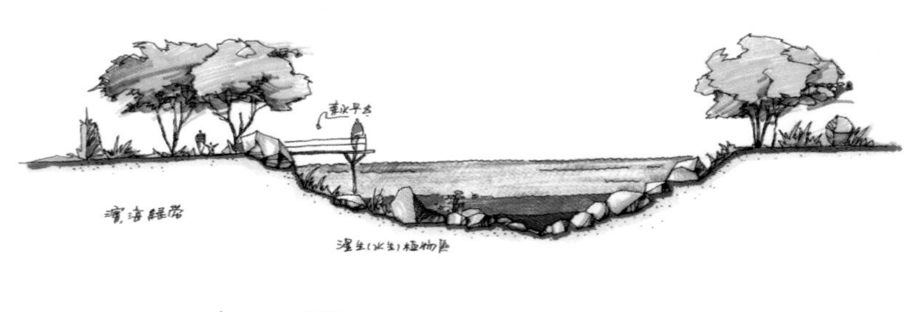

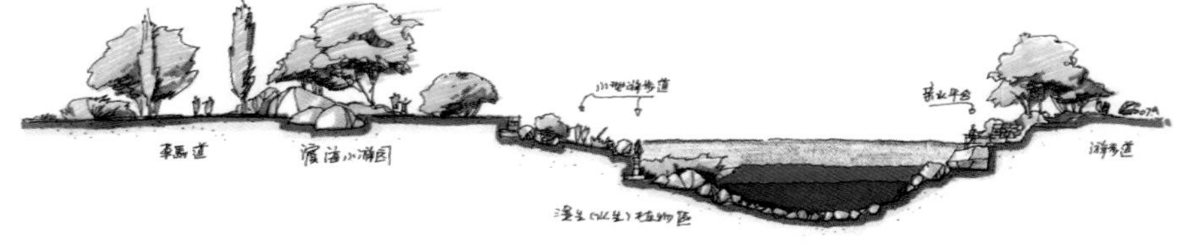

图 1–70　景观环境 /B4 复印纸 / 彩铅

图 1–71　景观环境 /A4 复印纸 / 彩铅

水溶彩色铅笔表现后，可用水画在以表现好的线条上，增加厚度，产生色彩表现的韵味。

④ 马克笔的表现

马克笔色彩丰富，表现力强，而且能在很短的时间内达到较为完美的效果。如图 1–72 ～图 1–75 所示。优点是快干、着色方便；缺点是稍感薄弱。利用彩铅来做柔化处理，可以完善马克笔的弱点。

图 1–72 景观环境 /A4 复印纸 / 马克笔

图 1–73 景观环境 /A4 复印纸 / 马克笔

图 1–74 景观环境 /A4 复印纸 / 马克笔

图 1–75 建筑景观环境 /A3 复印纸 / 马克笔

⑤ **综合表现**

采用多种表现技法来表现的效果图，多数都是后期的成稿阶段采用，如图 1–76 ～图 1–79 所示。

图 1–76 景观环境 /A4 复印纸 / 彩铅 / 马克笔

图 1–77 景观环境 /A4 复印纸 / 马克笔 / 彩铅

图 1-78　建筑景观环境 /A3 复印纸 / 马克笔 / 彩铅

图 1-79　建筑景观环境 /A3 复印纸 / 马克笔 / 彩铅 /Photoshop

“风格是一种作业的氛围，一个让你一跃腾空的跳板。”　　——菲利普·约翰逊

2. 建筑景观效果图构图

建筑景观效果图经常采用的表现构图形式：

① 构图的形式常采用横幅、竖幅。

横幅适合于场景比较开阔、环境内容比较丰富的表现，如图 1–80 所示；

竖幅适合于高耸雄伟、有一定视觉感的建筑环境表现，如图 1–81 所示。

② 表现的手法常以一点透视、两点透视、鸟瞰图、轴测图等形式来表现，如图 1–82 ～图 1–85 所示。

图 1–80　横幅构图 / 线稿

图 1–81　竖幅构图 / 线稿

图 1–82　一点透视 / 景观环境 /A3 复印纸 / 线稿

图 1–83　一点透视 / 建筑景观环境 /A3 复印纸 / 马克笔 / 彩铅

图 1–84　鸟瞰图 / 建筑景观环境 /A3 复印纸 / 马克笔 / 彩铅

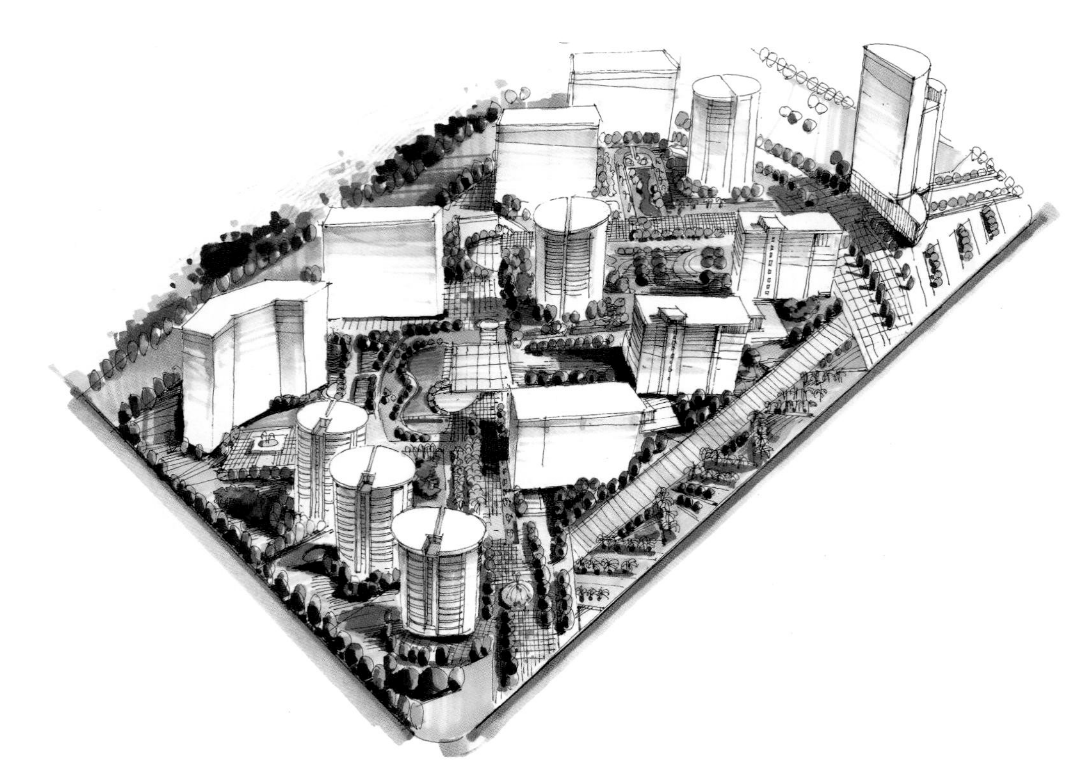

图 1–85 轴测图 / 建筑景观鸟瞰 /A3 复印纸 / 马克笔 / 彩铅

构图一直是每个艺术家在创作之前首先要想到的。作为设计师，在表现二维、三维及多维空间时，构图的作用就更重要了，如图 1–86 和图 1–87 所示。

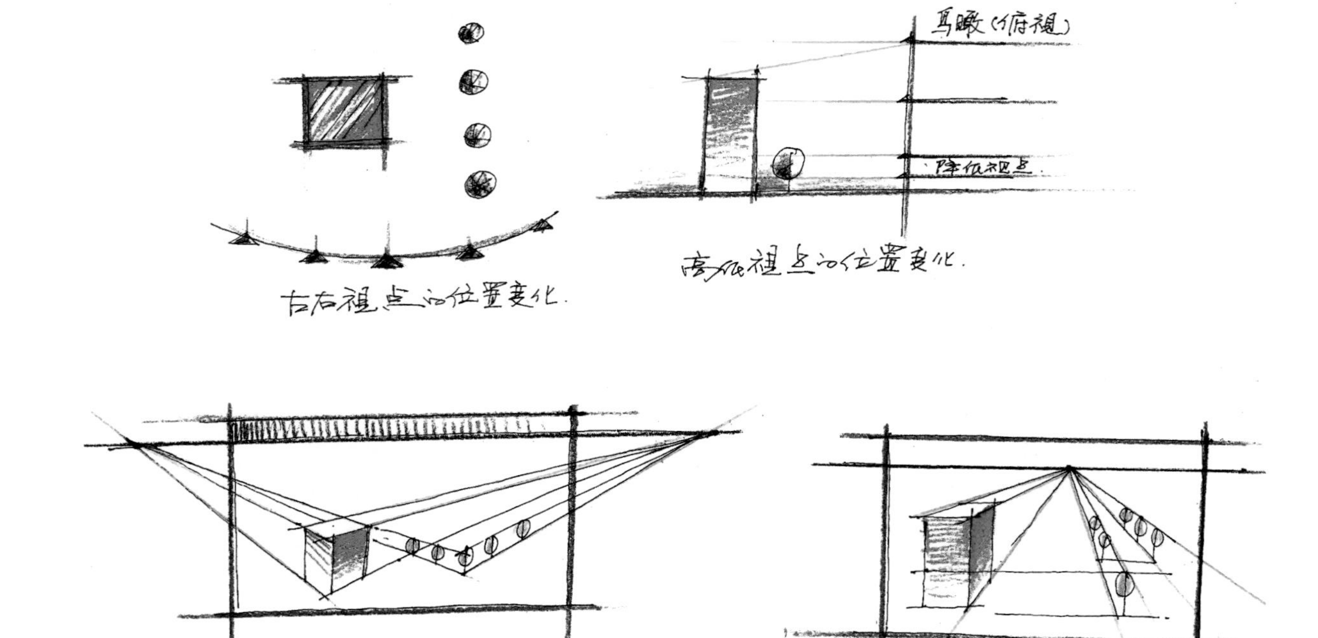

图 1–86 视点的变化（一）

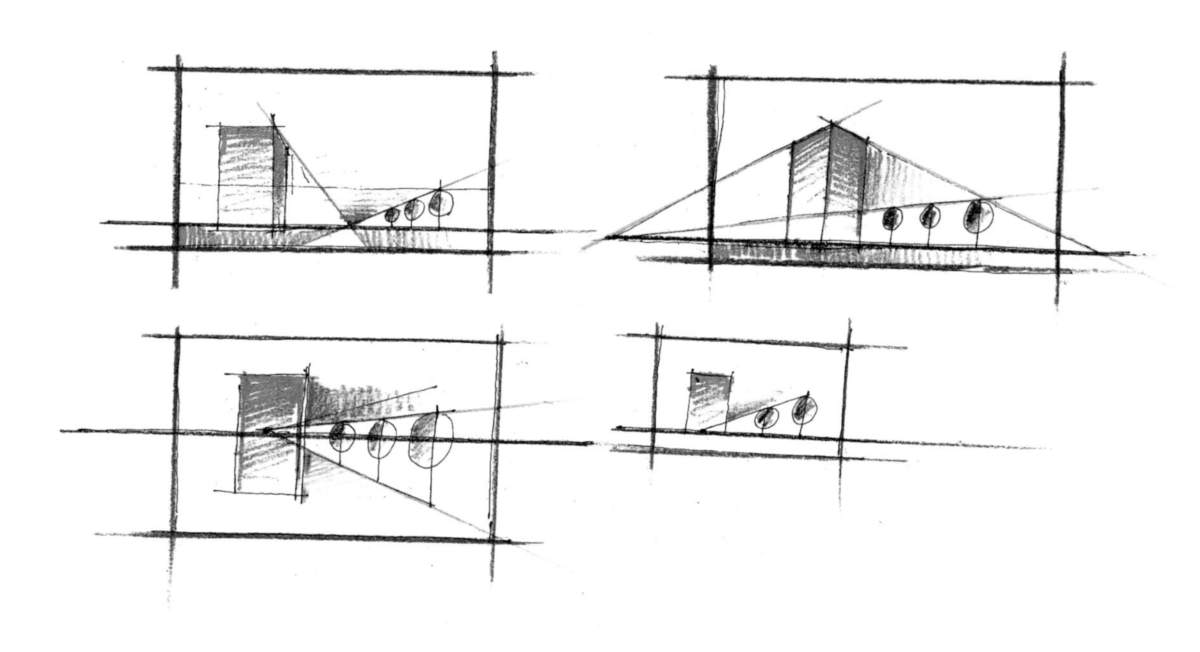

图 1-87 视点的变化（二）

构图往往是在你脑海里产生对场景的认识，首先要熟知你所要表现的场景、环境，选择透视角度。

构图视点的变化、视平线高低的变化，都会使画面产生不同的效果。

我们用几张小图来说明，选择视点、选好视点就是构图的基本要求。在图中，视点的变化给我们带来不同的场景变化，也是我们做设计前期要想到的。

南齐谢赫绘画理论“谢赫六法”中说的“经营位置”，指的就是构图。构图就是要“意在笔先”，要有构想，要有创作意图，要学会组织。

“建筑是用结构来表达思想的科学性的艺术。”　——赖特

本节教学重点：

1. 小品与小环境在建筑景观环境中的应用。
2. 小品的表现方法。
3. 小环境的表现方法。

课后作业：

1. 用 A4 复印纸画小品 10 张、小环境 5 张。
2. 选出小品和小环境 5 张，用马克笔、彩铅表现颜色。

项目二／学习篇

一 建筑景观环境手绘的基本表现元素与步骤

学习任务：学习建筑景观手绘技法的表现

学习目的：认识建筑景观手绘表现的基本表现

项目内容：建筑景观手绘的线稿、淡彩、彩铅、马克笔的初步表现

实训要求：掌握对建筑景观手绘表现的基本方法

建议课时：8 学时

建筑景观环境手绘基本表现的主要内容是对环境单体的练习，对小环境的练习，对配景及各种场景、不同材质的表现练习，对线的表现练习，对形体、结构的组合关系的练习。

1. 基本形态的表现

（1）线的表现

线的认识，不同的线，在表现上会给人产生不同的视觉效果，常用的有直线、曲线、弧线等（图 2–1 ～图 2–4）。

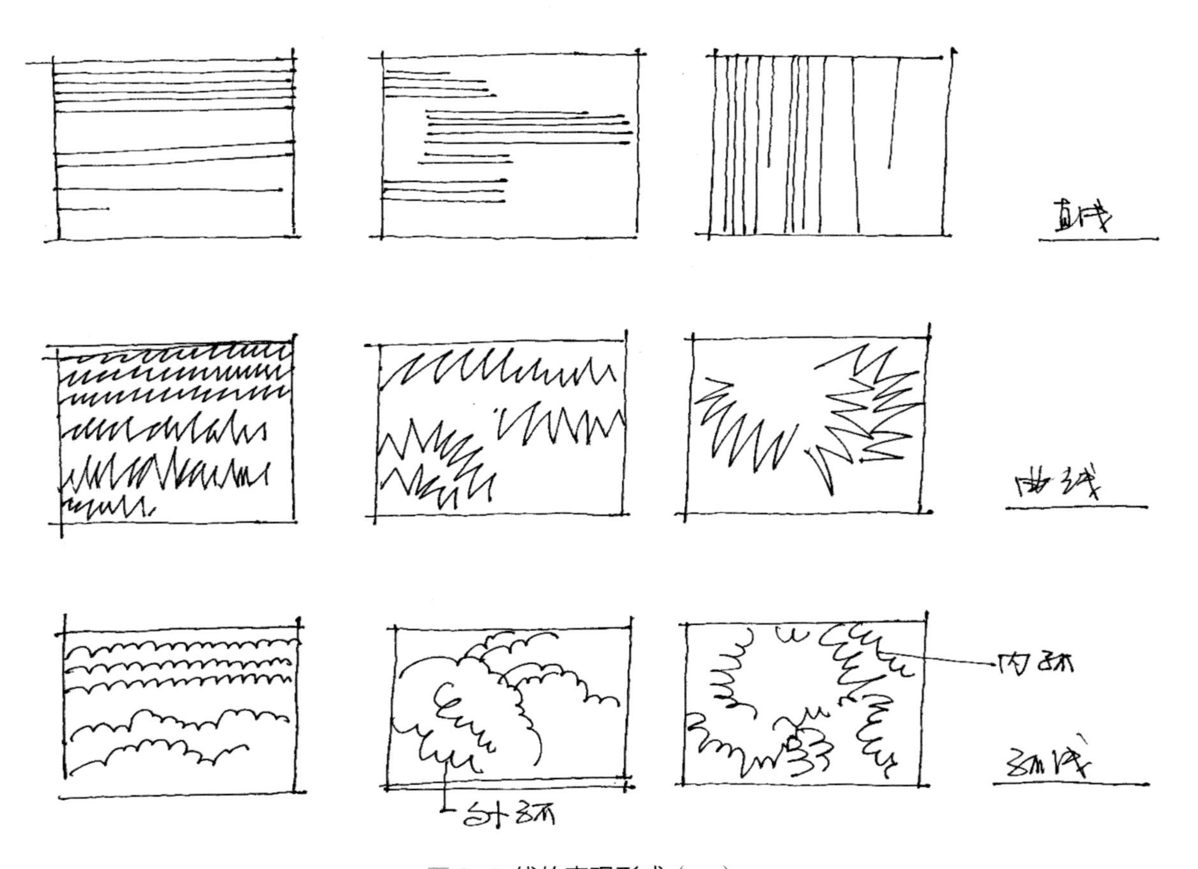

图 2–1 线的表现形式（一）

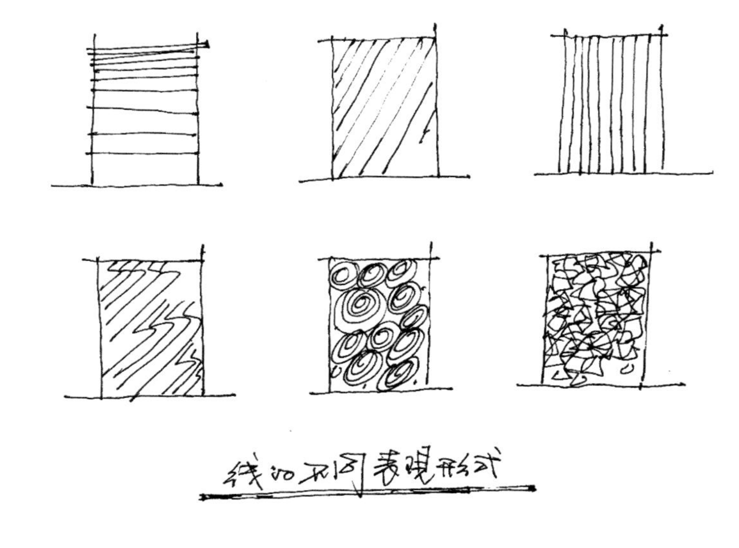

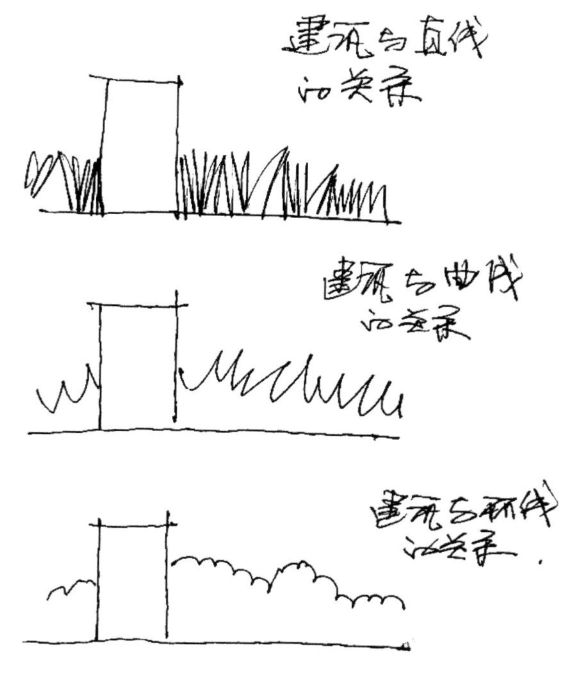

线的变化是丰富多彩的，无论在建筑的表现上，还是景观设计，线的表现都决定了画面的视觉关系。组织好线的疏密关系，就会使作品达到一个比较理想的效果，在表现上要用心体会（图 2–5）。

图 2–2	图 2–5
图 2–3	
图 2–4	

图 2–2 ~ 图 2–4
线的表现形式（二）~（四）
图 2–5
建筑与线的表现关系

水平线代表平衡感、纵深感、理智合理；垂直线代表激情向上；直线：代表果断、坚定、有力。曲线代表踌躇、灵活、装饰效果；弧线代表升腾、超然。

（2）形体的表现

不同的形体的训练，目标就是在学习表现的过程中，掌握了解初步的对空间的认识、形体的构成，如大小、方圆、薄厚，形体的穿插关系。在同学们刚开始接触设计表现时，形体的表现就是一个比较重要的环节。我们可以先从简单的形体入手（图 2–6）。

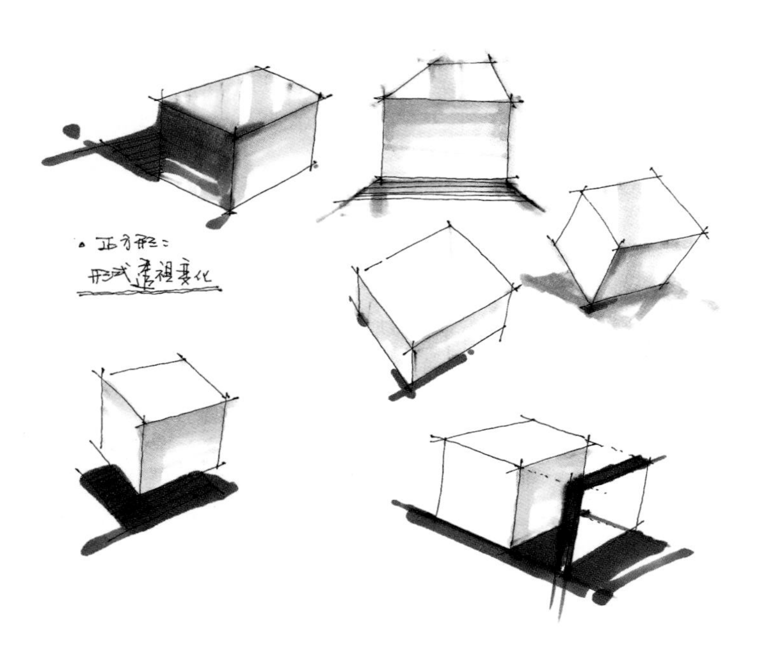

常见几何形的正方体，在不同的环境下，试着用不同的视角来观察，试着转圈、试着分隔、试着观察光影的变化等（图 2–7）。

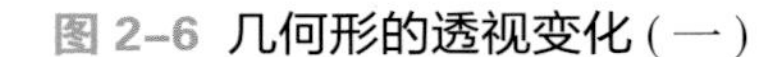

图 2–6 几何形的透视变化（一）

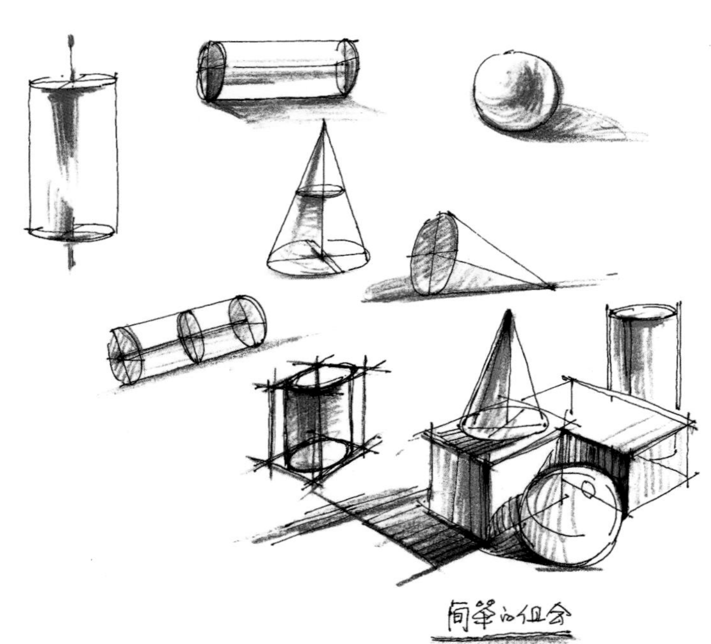

图 2–7 几何形的透视变化（二）

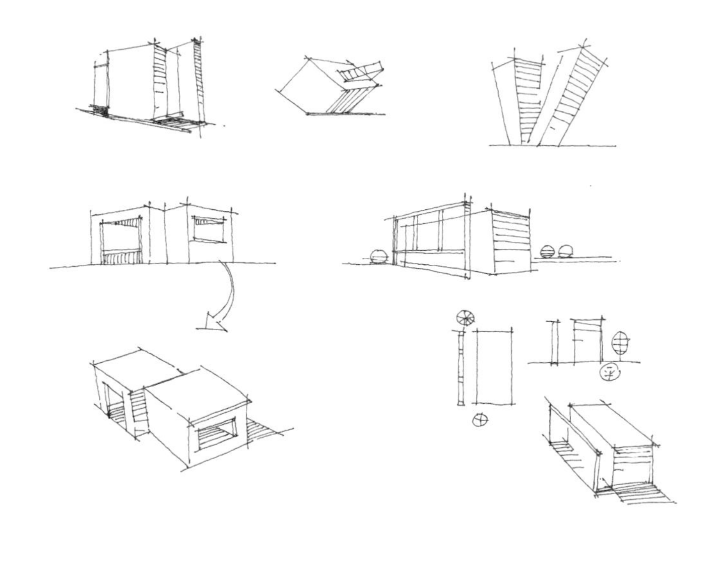

最基本形的研究学习，可以培养对设计的最初认识，掌握从线条到形体的转化规律，同时也对形体做一基本了解（图 2-8 ～图 2-11）。

图 2-8　几何形的透视变化（三）

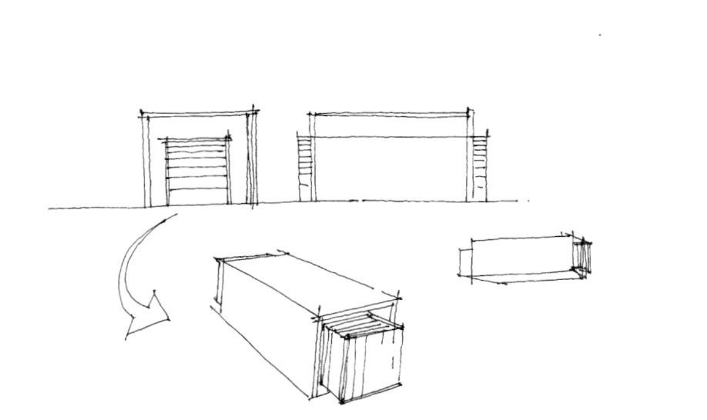

图 2-9　几何形的透视变化（四）

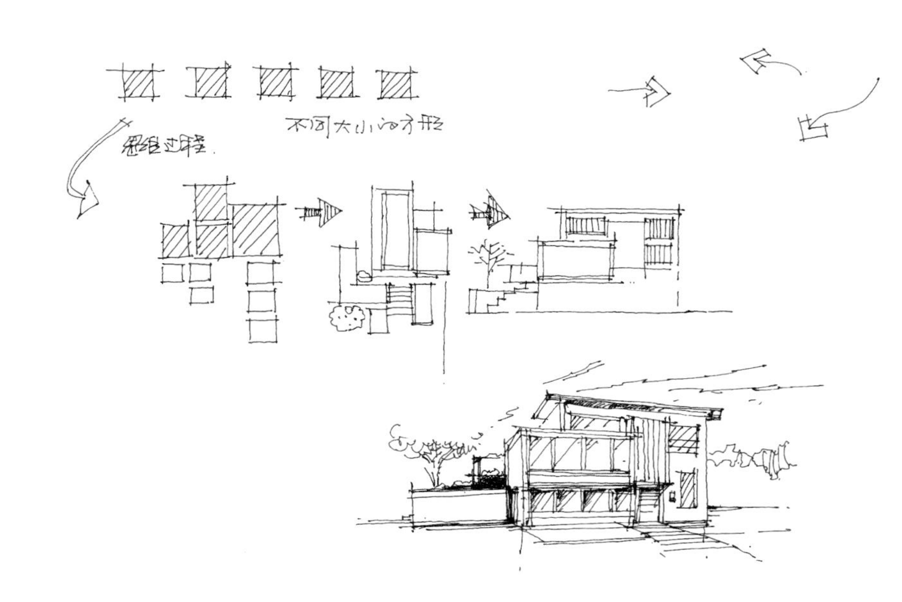

图 2-10　几何形的透视变化（五）

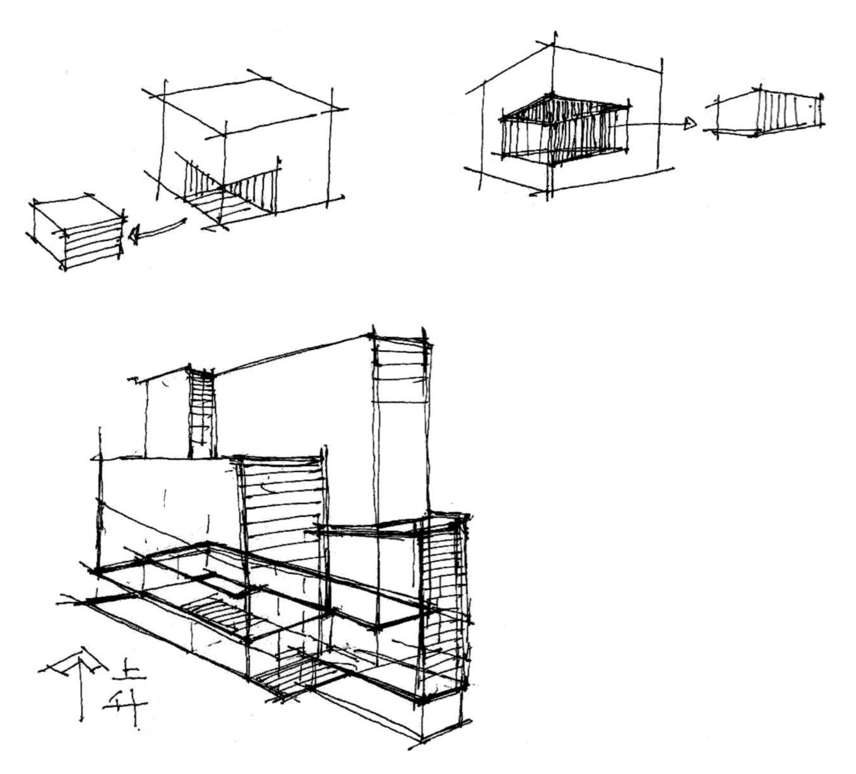

图 2–11
几何形的透视变化（六）

形体的训练是学习设计的首要任务，在专业设计安排上要重点强调。

“建筑跟美术走得很近，你要做好建筑，对艺术方面也要有一些相当的认识。” ——贝聿铭

本节教学重点：

1. 基础线型的认识。
2. 形体与设计的关系。
3. 线在建筑景观环境中的应用。

课后作业：

1. 用 A4 复印纸画线与小环境 5 张。
2. 用线稿画出形体变化关系 A3 复印纸 2 张。

2. 单体与小环境的练习

单体是学习手绘表现最基本的练习，初学者常以自然界中的某一物体，作校本来学习表现。在熟练掌握单体的同时，带入小环境，随之在笔法熟练的同时逐渐加入大环境，以增加表现大场景的能力（图 2–12 ～图 2–16）。

（1）植物、树、草坪的表现

植物的表现

植物是景观环境重要的表现之一，在表现上是衬托整个环境气氛、营造环境的主体。

植物包含主要树木——乔木、灌木、地被、草坪、花卉等。植物的表现，无论表现什么，都要多考虑层次关系，选择角度，注意植物之间的搭配（图 2-12）。

植物的表现技法：

① 表现形体的轮廓，写实与概括的线型。

② 颜色以简单大块颜色为主要用笔（主要部位）。

③ 灵活用笔。

④ 远处色彩偏冷，近处色彩以暖调为主。

图 2-12　植物 / 线稿 / 马克笔 / 彩铅

树的表现

树是环境中不可缺少的组成部分。画好树能够加强环境的表现力度，无论在室内或室外都会增加环境的生命力，充实环境的内容，同时也给人美的享受。

树的表现要注意：

① 树的线稿表现，首先要了解树的品种、特性及外部形象，要了解树的生活环境、生长环境，适合于在什么地区生长。这里选择几种不同的表现风格，来说明单树的表现与群树的概括表现（图 2-13）。

② 在表现的顺序上，从主干到枝干、再到小枝与叶。

图 2-13 树 / 线稿

③ 注意用笔，注意前后关系，要学会概括的表现。在初学阶段，往往把树画得太紧，线条僵硬，或者过于简单，缺乏厚度。

④ 小树注意结构，大树往往要分出层次，考虑变化，树叶需要概括。

⑤ 树的颜色，也是根据不同环境来决定表现的技法。无论用何种方法，在选择颜色用笔上，应从中间颜色入手，然后根据树的环境、阳光的方向、树的品种、不同的季节来决定用笔的方向及颜色关系（图 2–14）。

树的表现技法：

① 线稿——大树（主要）用笔要深入，画具体；小树（周边）概括。

② 颜色——大树（前景）颜色丰富，变化多；小树（配景）颜色统一（单一）。

图 2–14 树 / 马克笔 / 彩铅 / 淡彩

草与草坪表现

表现草的主要形式可分为：近处的草（单独、近景），视觉清晰，轮廓明朗，让人能看到草的品种与外貌特征。在表现手法多以双钩为主，采用的表现形式是以中国画的理论“一笔长，两笔短，三笔破凤眼”之说来组织表现（图 2–15）。成片的草（远景），表现手法是以简单的外形点绘来完成的。

在表现色彩时，通常要考虑不同的季节，不同的环境。春天的小草，色彩明快，给人以生命的渴望；秋天的草，成熟挺拔，表现上要有冲击力，行笔要稍快，笔笔要有信心。草与草坪在设计作品中，无论是室内设计表现、还是室外建筑景观环境的设计表现，多数是配景，但能够真正地把草与草坪表现和环境相互融合，产生一定的艺术效果，还需在平日里多练习，包括写生练习。

草与草坪的表现技法（图 2–16）：

① 概括的表现和细部的刻画是关键。

② 注意草的疏密关系，学会组织，加强变化。

③ 草坪表现的用笔是关键，多以横向用笔，注意轻重缓急。

④ 颜色要与画面上其他颜色相呼应。

图 2–15 草的表现 / 线稿 / 马克笔 / 彩铅

图 2–16 草与草坪 / 线稿 / 马克笔 / 彩铅

(2)石头的表现

石头在建筑景观环境中应用广泛，大到建筑的应用、道路的应用，小到小品景观环境。

石头在环境中经常是以造趣、造景来装饰点缀的。常有大块的毛石、小块的鹅卵石。在表现上，要多观察石头的形状、特征、大小、颜色等，重点要考虑光源，要分析结构，用笔要清晰准确（图 2-17 ～图 2-22）。

图 2-17 石头 / 线稿

图 2-18 石头与周围环境 / 线稿

石头在场景中，在表现上多以根据场景的需要来表现，但要注意，一定要学会整体概括的表现，因为石头在环境中，占的比例关系还是很小的。所以要根据场景来进行表现。下面举几个例子，图 2–18、图 2–21，石头在画面里是主体，所以表现起来就比较精细一些。而图 2–19、图 2–20，石头是整体画面的一部分，只是辅助作用，所以相对要概括一些。

石的表现技法：

① 表现山石，先勾出轮廓，按山石的结构，画出结构关系。

② 学会整体概括表现，紧中有松，放而有制，疏密合理。

③ 颜色多以冷灰色为主（T 马克笔——CG 系列），可以适当的加一些暖灰（T 马克笔——WG 系列）及环境色 (马克笔 / 彩铅)。

图 2–19 石头在场景中表现（一）

图 2–20 石头在场景中表现（二）

图 2–21 石头在场景中表现（三）

图 2–22 石头在场景中表现（四）

（3）水景的表现

水景是室外建筑景观环境中的一个重要组成部分。在表现上，通常以静态和动态之分，水的形状以自然形状与人工几何形状之分。

静态水（如池水）在表现上，相对好表现一些（图 2–23），用笔以横向为主，不用过多的花哨之笔，稍微注意倒影（镜像的效果），颜色可以反映天空和周围的环境颜色，如建筑、树木、植物等。

动态水主要指流动的水环境，人工修建的有高低落差的流水，有原生态的自然流水景观。在表现上要比静态的水有一些难度。动态的水因其不同的形状表现要点也不同，如因风而动的水，波纹方向一致而且有一定规律。在用笔上，要学会虚实相应，要有叠加的用笔，而且最重要的是一定要掌握留白的技巧（图 2–24）。

▲ 注意用笔的方向，多以横笔为主。

图 2–23 静态的水的表现 / 马克笔 / 彩铅

图 2–24 流动水的表现 / 马克笔 / 彩铅

水景的表现技法：

① 静态的水多以横笔为主（可以是横曲线）；倒影可以统一方向用笔，或横向、或竖向，要学会留有一定空白（中间部位）。

② 动态的水用线以长短线结合为主，表现流水大小、疏密、长短的水纹变化。

水景在环境中的表现，水环境分静态与动态两种（图 2–25 和图 2–26）。

图 2–25 静态的水环境 /A3 复印纸 / 马克笔 / 彩铅

图 2–26 动态的水环境 /A4 复印纸 / 马克笔 / 彩铅

（4）小品与小环境的表现

建筑景观环境中，小品与小环境随处可见。如小桥、亭子、休息椅、垃圾桶、指示牌、假山水景等。在手绘表现时，要注意其所表现的特点，分析功能属性及所处的环境；线稿要充分，多在结构上加以强调，色彩应在整体中求得一些变化，加强形式感，重点表现颜色的对比及与环境的关系（图 2–27 ～图 2–32）。

图 2–27 小品（一）/ 线稿 / 马克笔

图 2–28 小品（二）/ 线稿 / 马克笔

图 2–29　小品（三）/ 线稿 / 马克笔

图 2–30　小环境（一）/ 线稿 / 马克笔

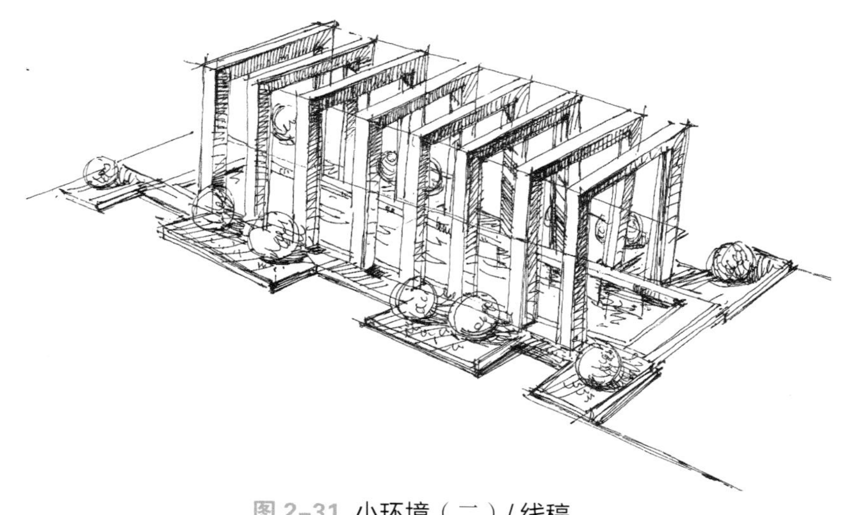

图 2–31　小环境（二）/ 线稿

图 2–32 小环境（三）/ 线稿 / 马克笔

以上两组小环境用笔清晰，对小品与环境的关系表现细腻严谨，富有活力。

小品与小环境是学习设计场景的最初积累和最好的学习方式。

本节教学重点：

1. 小品与小环境在建筑景观环境中的应用。
2. 小品的表现方法。
3. 小环境的表现方法。

课后作业：

1. 用 A4 复印纸画小品 10 张、小环境 5 张。
2. 选出小品和小环境 5 张，用马克笔、彩铅表现颜色。

3. 配景的练习

（1）车

作为配景，车在建筑景观环境中是比较常用的，如图 2-33 ～图 2-36 所示。

图 2-33 车（一）/ 线稿

图 2-34 车（二）/ 线稿

如何画好车，选择什么样的透视角度，对于初学者来说是比较难的。

首先，我们把车也要看成箱体（因为我们画车，通常都是静止状态），注意表现车的基本形状，车的品牌、属性，用加减的方法就能表现出来。

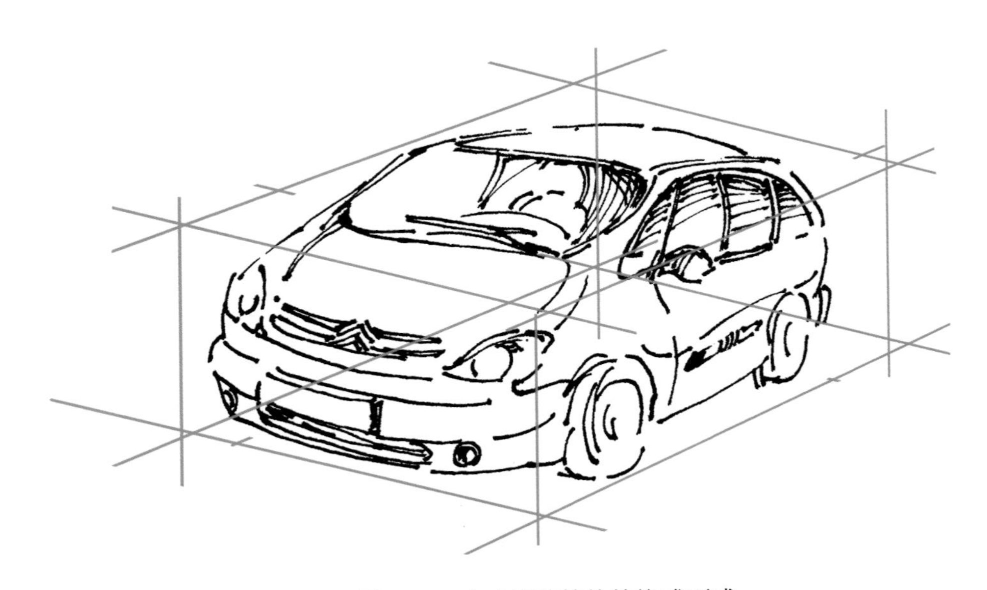

图 2-35 车 / 线稿箱体的构成形式

图 2–36 车 / 线稿 / 马克笔

无论用何种表现技法，在用笔上要概括，注意用笔的方向，要重点留白。要尽量表现车的质感、光感、立体感（在表现的练习过程中，要有激情、有感情、有信心）。

（2）人物

在场景中表现人物时，需注意以下几点：

① 近景人物要稍细画，可以简单地画一下身形、脸型、眼睛；远景人物就要学会概括。

② 要注意人物与环境的透视关系；要注意比例关系（通常可以大身形小头，拉长身体）。

③ 颜色在表现上要保持整体效果，切莫过于零碎用笔，如图 2-37 和图 2-38 所示。

图 2-37 人物 / 线稿

图 2-38 人物 / 线稿 / 马克笔 / 彩铅

车辆与人物在建筑景观环境中起到均衡画面的作用，避免画面视觉感过于呆板。

"一个艺术家如果想要成功，必须做到三件事：一是及早的看到美，并抓住它；二是工作勤奋；三是要经常得到别人的精确指教。"

——贝尔尼尼

本节教学重点：

1. 学习主要配景，车与人物的表现。
2. 掌握车与人物在场景中的尺度与透视关系。

课后作业：

1. 用 A4 纸画车辆与人物 10 张。
2. 选出 3 张来做色彩的表现。

4. 色彩的认识

色彩是通过光线直射、反射进入眼睛而产生的一种视觉效应，没有光就不会感受到色彩。我们看到的红、橙、黄、绿、青、蓝、紫七色光是按照次序有规律排列的，这种现象被称为光谱，如图 2-39 所示。

光有不同的波长，给我们带来了不同的色彩感觉。

图 2-39 光谱

（1）色彩的基础

色彩主要由光源色、固有色和环境色构成。

光源色——光自身的颜色。光源又分为自然光源与人工光源。

固有色——指物体本身的颜色。固有色受到环境和光的影响，会产生很丰富的颜色变化。

环境色——指环境对物体的反射与折射所产生的颜色变化。

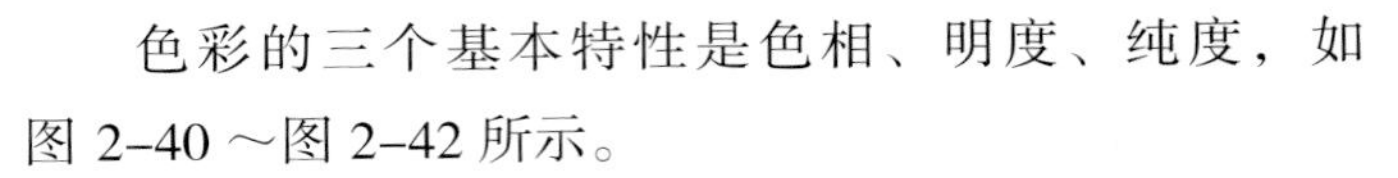

色彩的三个基本特性是色相、明度、纯度，如图 2-40 ～图 2-42 所示。

色相——色彩的相貌，指能够较准确的表示某种颜色的色别名称，每个颜色都有自己的色相（黑色、白色、灰色除外，它们属于无彩色系）。

明度——指色彩的明亮程度。

纯度——又称鲜艳度、彩度、饱和度，指色彩的纯净程度。

在设计表现时，物体本身固有的颜色，可以适当的考虑环境色，增加画面效果。如马克笔的纯度较高，可以通过彩铅来增添环境色，既有缓冲效果，又可使色彩丰富，且富于变化。

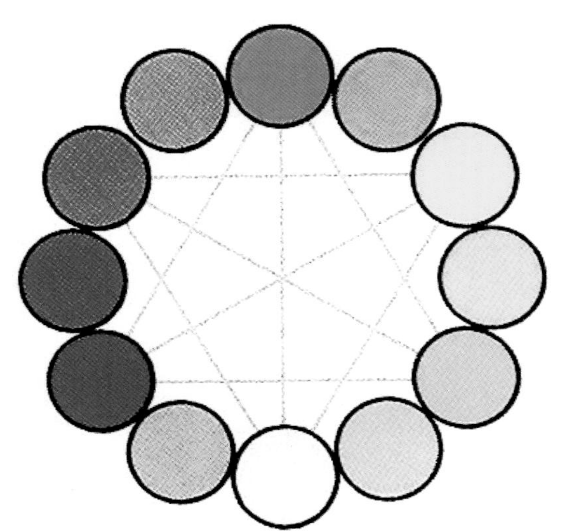

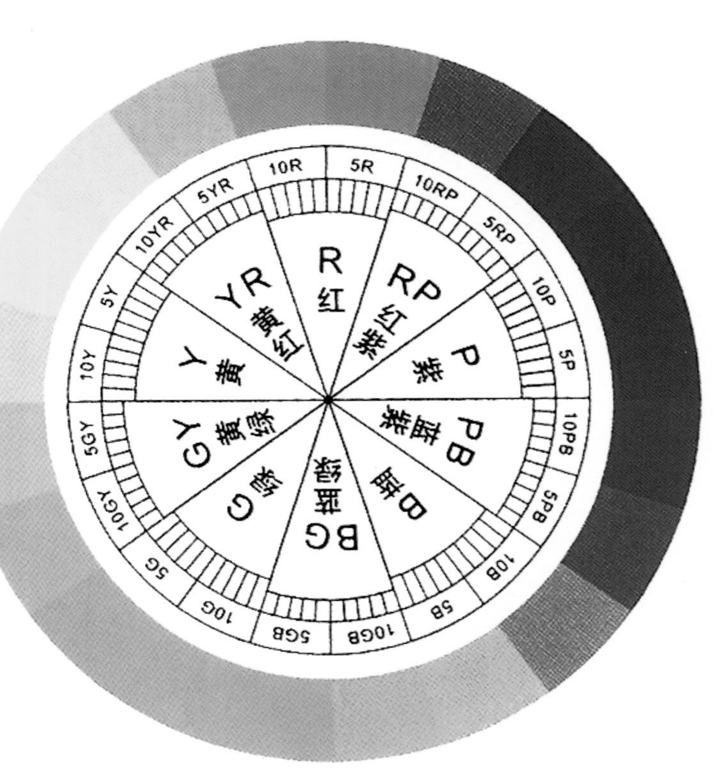

图 2-40 色环
图 2-41 十二色环
图 2-42 二十四色环

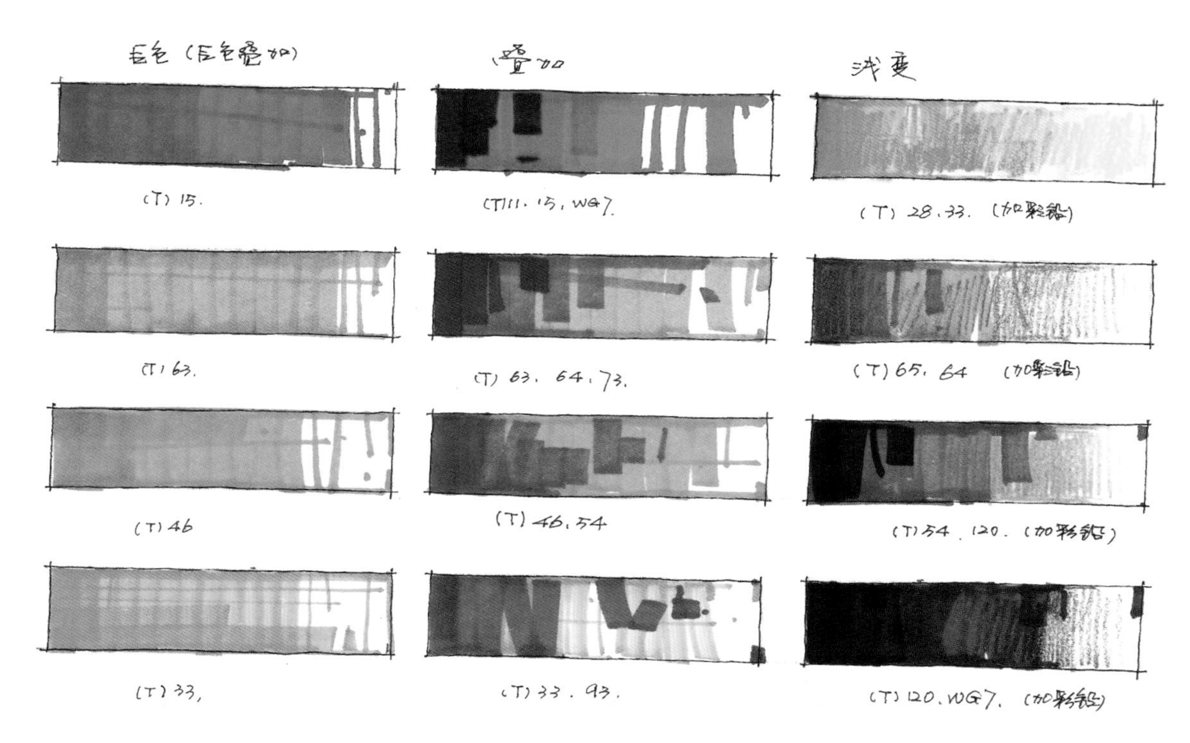

图 2–43 原色、叠加与渐变 / 马克笔 / 彩铅

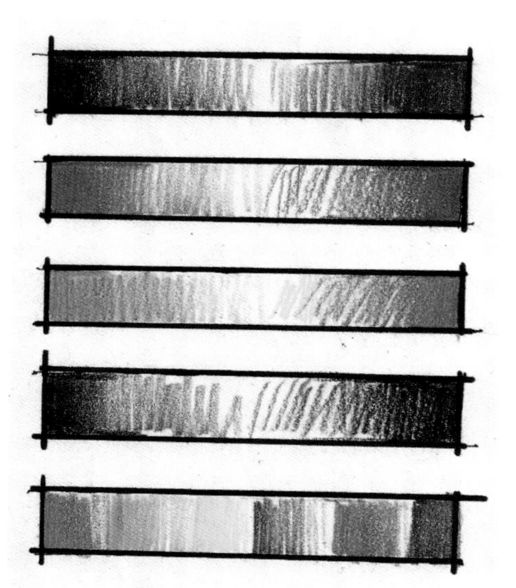

图 2–44 混色与渐变 / 彩铅

（2）色彩在设计表现中的运用

色彩虽然千变万化，但只要掌握色彩表现的基本规律、基本定义，掌握不同设计材料的运用，我们就可以充满信心的来做设计表现。

下面我们来用马克笔、彩铅，按照色彩的基本原理来表现色彩的原色、叠色、渐变及色彩的混合运用，如图 2–43 ～图 2–46 所示。

图 2–45 叠色与混色 / 马克笔

图 2-46 叠色与渐变 / 马克笔 / 彩铅

（3）手绘表现作品的色彩对比

无论色彩如何表现，对于物体环境都需要考虑其属性。色彩的冷暖变化会带来不同的视觉效应，在表现时，注意物体的固有色与环境色的关系与表现，学会比较，确定整体的关系，如色调的倾向、色相、冷暖、明暗关系。如图 2–47 ～图 2–49 所示。

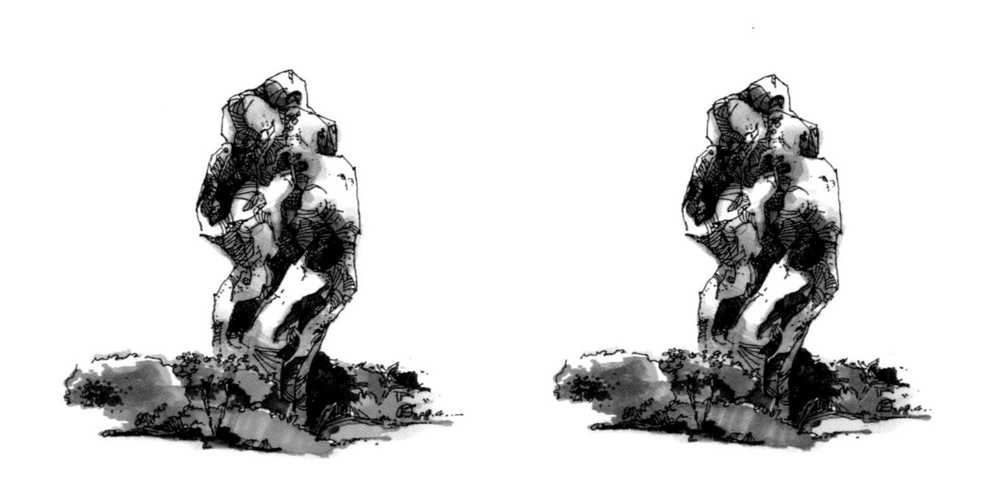

▲ 色彩的冷暖变化给人的心理、生理带来了不同的感受。

图 2–47 三组小品色彩对比 / 线稿 / 马克笔

▲反映夏天水环境的场景，绿树、绿草。色彩单一，所以绿色是画面的主调。

▲秋天的场景，树叶开始变红、变黄。靓丽的色彩，配上蓝色的天空，产生了良好的视觉效果。

图 2-48 景观环境色彩对比 / 线稿 / 马克笔 / 彩铅

△ 白天的色调，色彩相对纯一些，固有色较多。色彩基本还原物体本来面目。

△ 黄昏的色调，艺术家比较喜欢表现该时间段的场景。色彩厚重，环境色较多，需要有一定的绘画功底。

图 2–49 建筑环境色彩对比 / 线稿 / 马克笔 / 彩铅

色彩的学习很重要，认识色彩的规律就更重要，需要长时间的体会。

勒·柯布西耶设计的位于 Ronchamp 的“朗香教堂”；
安藤忠雄设计的位于大阪的“光之教堂”；
理查德·罗杰斯设计的位于马德里的“巴拉哈斯国际机场 4 号航站楼”；
都采用了雕塑般的建筑形式，有力量的光影的运用创造出标志性的空间。

本节教学重点：

1. 认识色彩，掌握色彩的基本规律。
2. 认识色彩表现在设计中的运用效果（马克笔、彩铅、淡彩）。
3. 色彩表现赋予读者的效应。

课后作业：

1. 选择 5 张平时线稿作业，做色彩的基本练习（工具任选）。
2. 选 2 套相同空间，进行色彩变化练习（用线稿复印，色彩变化可随意虚拟不同时间来表现）。

5. 场景的表现方法与步骤

（1）淡彩的表现方法与步骤

淡彩需要很好的绘画功底，要多练，才能掌控淡彩的韵味及淡彩的丰富变化，如图 2-50 和图 2-51 所示。

图 2-50 景观 / 线稿

图 2-51 景观 / 线稿 / 淡彩

（2）彩铅的表现方法与步骤

彩铅多用于表现草图、平面图、立面图，成熟的设计师都比较喜欢彩铅。彩铅在表现上有一定的难度，所以在技法上要学会“松”、“紧”的表现用笔，注意用笔的轻重缓急。在表现时，切不可用笔遍数太多，如图 2-52 和图 2-53 所示。

▲线稿要注重结构关系。

图 2-52 景观 / 线稿

▲彩铅在表现上，要先松后紧。先简单铺设大关系，再强调细部刻画（有一定基础后，可以锻炼表现风格和用笔）。

图 2-53 景观 / 线稿 / 彩铅

（3）马克笔的表现方法与步骤（图 2–54 ~ 图 2–71）

准确画出线稿，注意透视。

图 2–54 景观 / 线稿

选择灰色马克笔整体表现，注意用笔。

图 2–55 景观 / 线稿 / 马克笔

完善草地、树木，调整完成。感觉够用就可以，别太过火，主次一定要分开。

图 2–56 景观 / 线稿 / 马克笔

图 2-57 景观 / 线稿

◀ 画面构图采用一点透视，重点应注意远、中、近景的表现。

◀ 颜色：T 马克笔 57 画远景（山与远景树）；T 马克笔 47 画中景（树与灌木等）；T 马克笔 59 画近景（草坪与地被）。

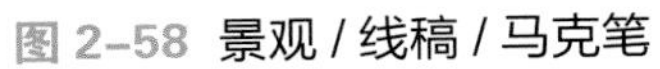

图 2-58 景观 / 线稿 / 马克笔

▼ 笔触：远景、中景以竖向用笔为主。近景以横向用笔为主。

图 2-59 完成稿 / 马克笔

◀ 典型的一点透视，视觉感明确。

◀ 先以表现水为主，放松用笔（T 马克笔 76、75、70）。

▼ 表现草地、树木（T 马克笔 59、46、43）。

图 2-60
图 2-61
图 2-62
图 2-63

图 2-60
景观 / 线稿
图 2-61~ 图 2-63
景观 / 线稿 / 马克笔

▼ 整理完成。

▲ 场景视觉感集中，层次关系细腻。

图 2-64 景观 / 线稿

图 2-65 景观 / 线稿 / 马克笔

图 2-66 景观 / 线稿

图 2-67 景观 / 线稿 / 马克笔

图 2-68 景观 / 线稿 / 马克笔

注意疏密，强调主体，学会概括。

图 2-69 景观 / 线稿

先铺大块颜色，讲究用笔的方向，切不可用笔方向太多，注意整体色调。

图 2-70 景观 / 线稿 / 马克笔

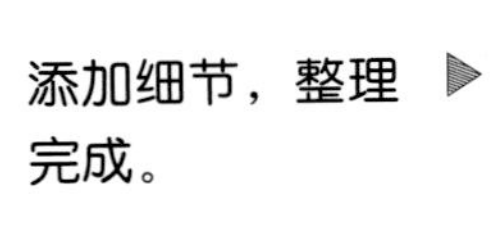

添加细节，整理完成。

图 2-71 景观 / 线稿 / 马克笔

手绘效果图技法表现形式很多，学习掌握不同形式、不同材质、不同风格的运用与表现是我们学习设计的主要基础课程。

“当技术实现了它的真正使命，它就升华为艺术。”　——密斯·凡·德·罗

本节教学重点：

1. 手绘技法表现的认识与方法。
2. 不同技法的表现学习。
3. 表现技法如何反映建筑景观环境的效果图。

课后作业：

1. 画 A4、A3（复印纸）线稿各 10 张。
2. 各选出 5 张，用马克笔、彩铅、淡彩做技法表现。

二 建筑景观环境透视的学习与认识

学习任务：加深对建筑景观手绘技法表现的方法

学习目的：认识建筑景观手绘表现的透视原理

项目内容：对建筑景观手绘透视的学习与应用

实训要求：重点掌握一点透视、两点透视在建筑景观手绘中的表现

建议课时：8 学时

（1）透视的基本知识

透视这个词源自于拉丁语 perspicere, 意为“看穿”。

透视设计在绘画创作、建筑设计、室内设计、景观设计、城市规划设计、工业产品造型设计中应用极其广泛。

透视的本质就是在平面图纸上画出立体的空间。人们在观察事物时，就有近大远小的视觉变化，反映出来的还有近实远虚、近疏远密等现象，也就是透视现象，如图 2-72 ～图 2-74 所示。理解透视最容易的方法是假设在绘画者和要绘制的场景之间插入一块玻璃，然后就可以在玻璃上画轮廓。

（2）透视的三要素

物体：作透视图首先必须明确所要表现的物体，物体的大小、尺寸、形象及结构等因素。

视点：确定视点，视点的高度，视心线的方向，视点与物体的距离。

画面：要掌握内容，把握内容的尺度和透视的方法。

（3）透视图中的常用术语及简写

P.P（画面）——垂直于地面的透明平面（画板）。

H.L（视平线）——视点高度的水平线。

G.L（基线）——基面与画面的交线。

S（视点）——相当于人眼睛所在的位置。

C.V（心点）——视心线与画面的交点（一点透视以此为灭点）。

V.P（消失点）——消失于视平线上的不平行两条直线的灭点（两点透视所用）。

H（视高）——视点到地面的距离。

D（距点）——由视点到心点的距离。

M（量点）——视点到灭点的距离（在视平线上）。

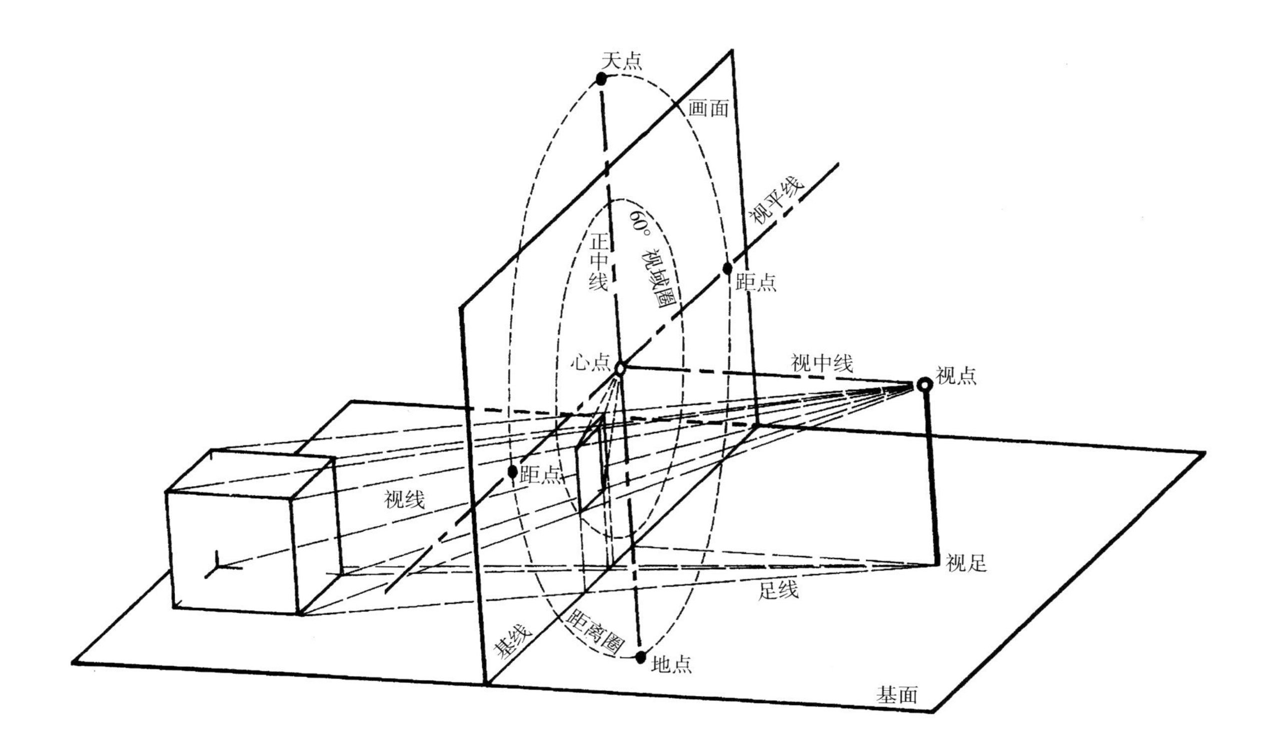

图 2-72　透视的基本现象（一）

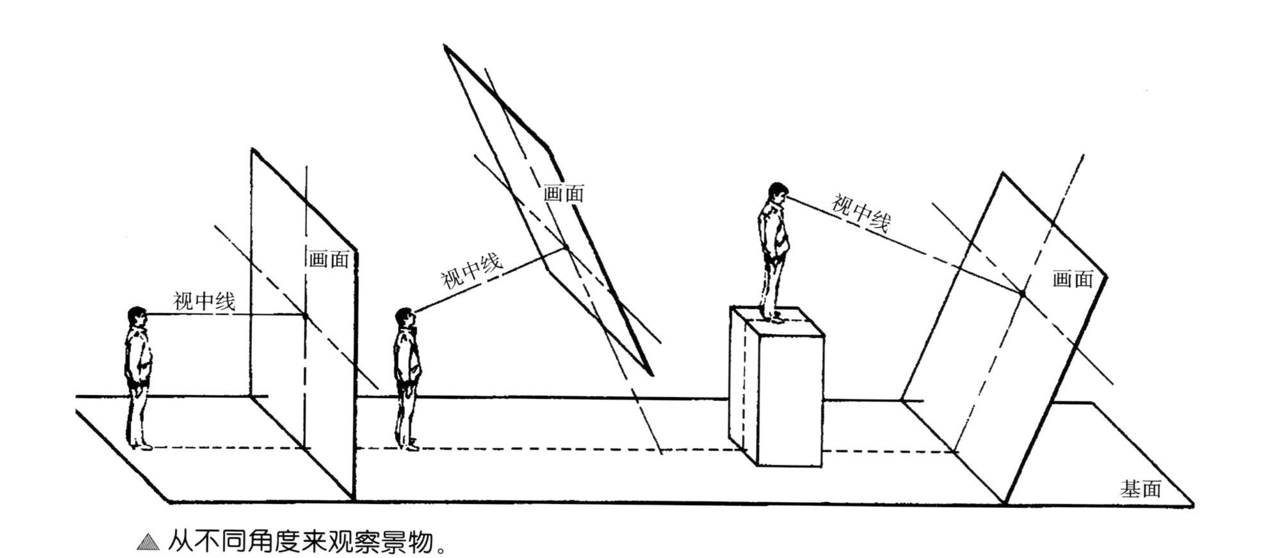

▲ 从不同角度来观察景物。

图 2-73　透视的基本现象（二）

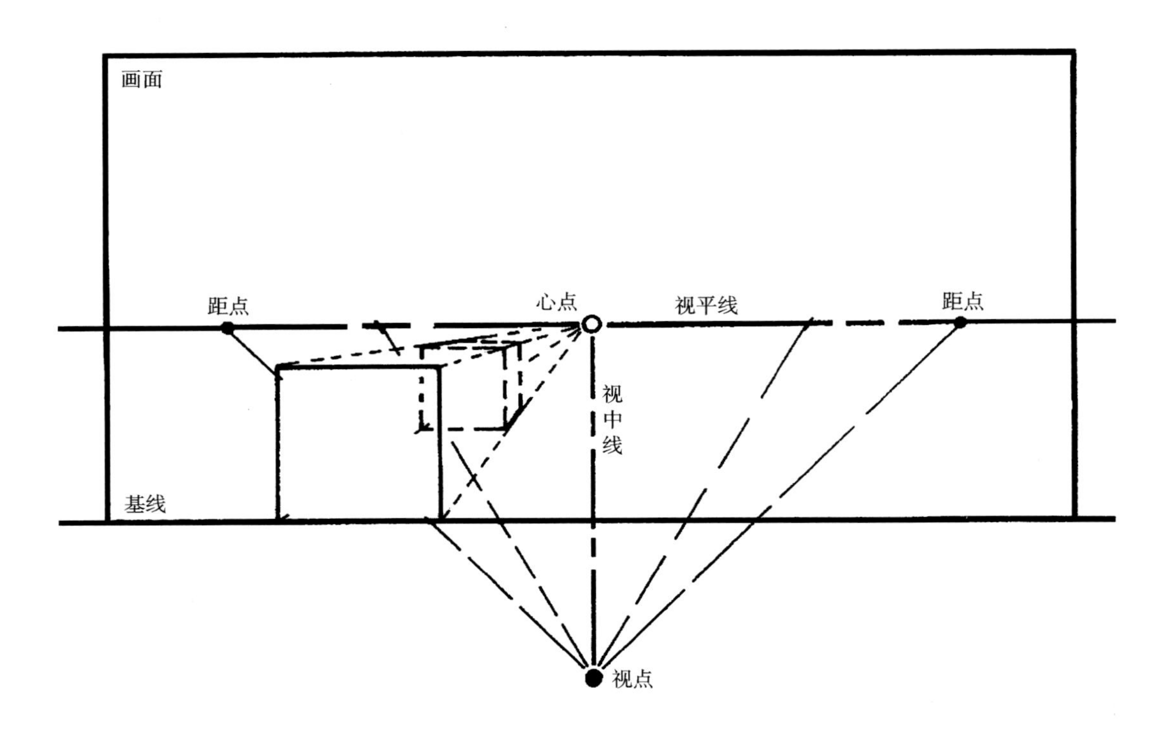

图 2–74 透视的基本现象（三）

应用透视的法则可以不面对实物，根据创作和设计的意图，利用透视投影的方法，都可准确画出透视图形。

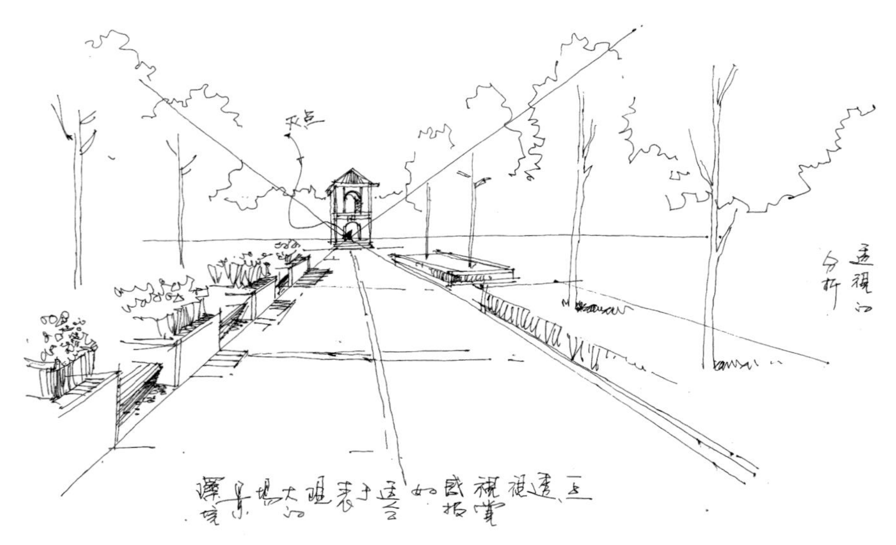

图 2–75 一点透视场景（一）

1. 一点透视场景的学习与认识

在建筑景观中，最常用的是用一点透视来表现场景。因为当我们选择一点透视，可以看到视线开阔的空间表现效果，适合于表现大场景；在建筑景观中，一点透视反映场景的效果极佳。

一点透视：又称平行透视。物体与画面平行，而且只有一个灭点，这种透视现象就是一点透视，如图 2–75 ～图 2–78 所示。

通过2张照片看到，虽然视点左右偏移，但还是一点透视。掌握了一点透视规律，就可以尝试画一点透视效果图。

图 2–76
一点透视场景（二）

图 2–77
一点透视场景（三）

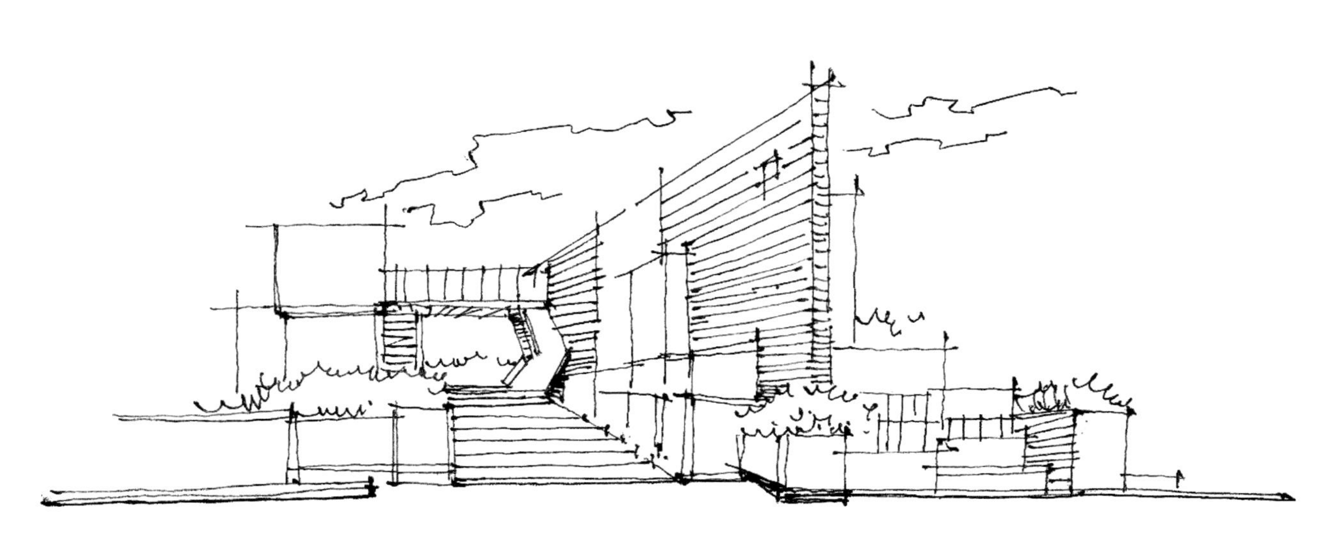

图 2–78 设计中的一点透视 / 线稿

2. 两点透视场景的学习与认识

两点透视视觉感活跃，强调局部设计与场景的透视变化，比较成熟的设计师会选择两点透视表达自己的作品（也常常选用调整透视——就是在一点透视的基础上，另加一灭点，而变为两点透视的视觉效果）。

两点透视：又称成角透视。物体与画面，不是平行状态，而是成不同的角度，这种透视现象就是两点透视，如图 2–79 ～图 2–81 所示。

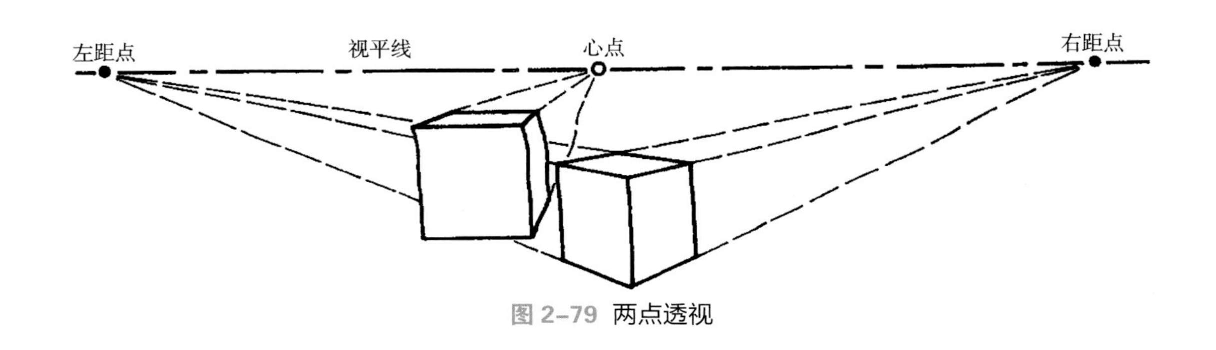

图 2–79 两点透视

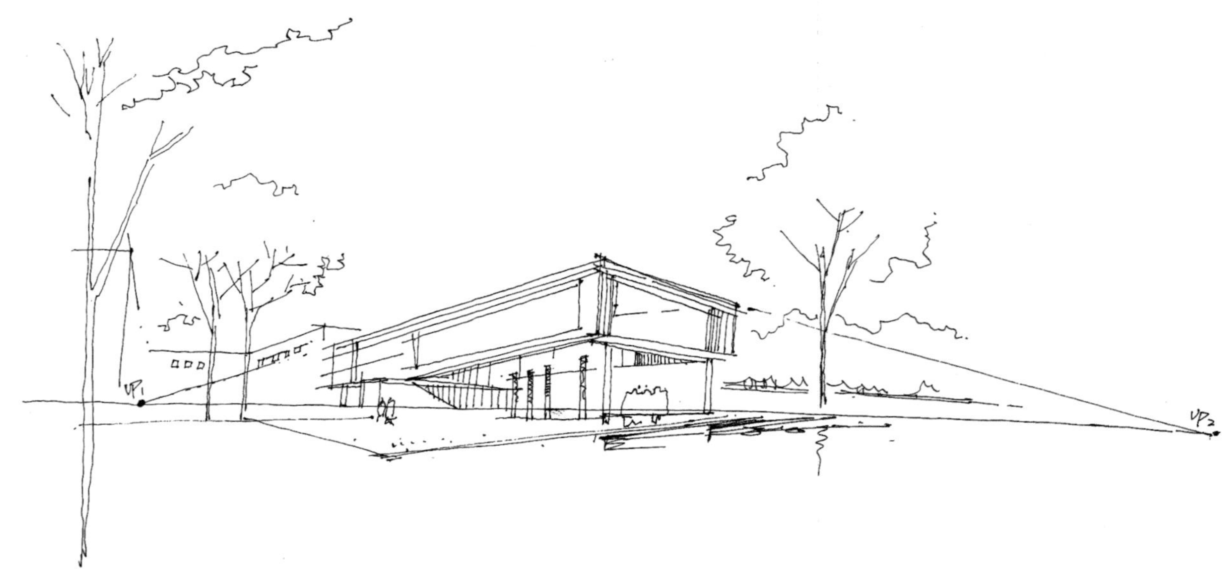

图 2–80 两点透视表现场景 / 线稿

图 2–81 场景中两点的透视

3. 轴测图的学习与认识

在设计室内外环境时，轴测图常用来表现场景，因为轴测图能够较好的反映空间的真实尺度，产生三轴立面的图像效果。但严格地说，轴测图不属于透视的范围。轴测图的表现有正轴测图、水平斜轴测图等，如图 2-82 ～图 2-85 所示。

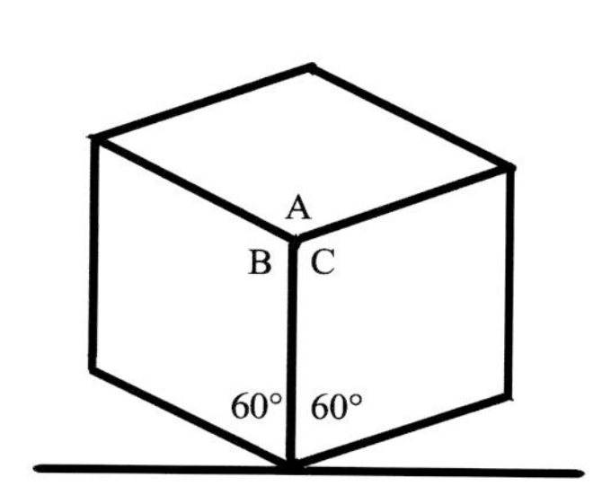

▲ A、B、C 相等，而且 3 个临边的 3 条线也相等。

图 2-82 正轴测图

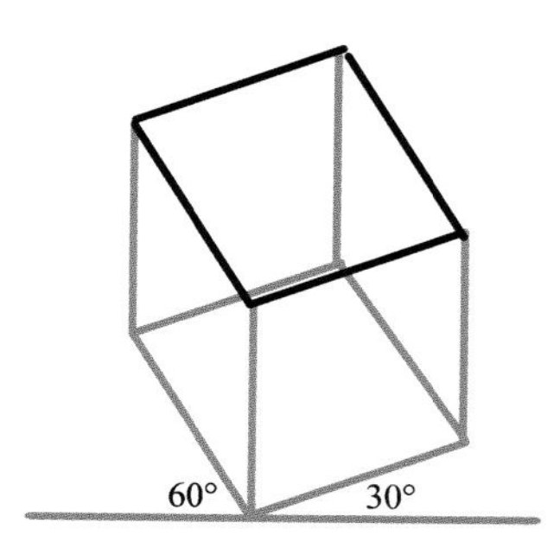

图 2-83 水平斜轴测图

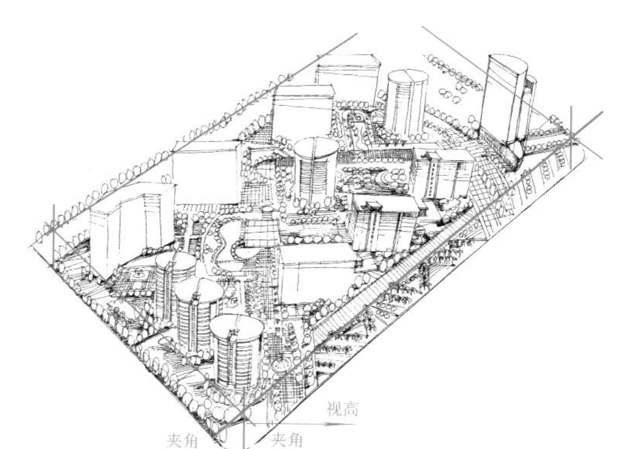

图 2-84 轴测图的表现方法

轴测图的视线方向多是从物体上、正、侧（左右侧）3 个面看过去，所以也适合鸟瞰图应用。

轴测图的作图方法是将所要表现的平面图转到一定的角度，按照原有视高尺寸，将平面图上所要表现的物体做垂直线而逐步完成。

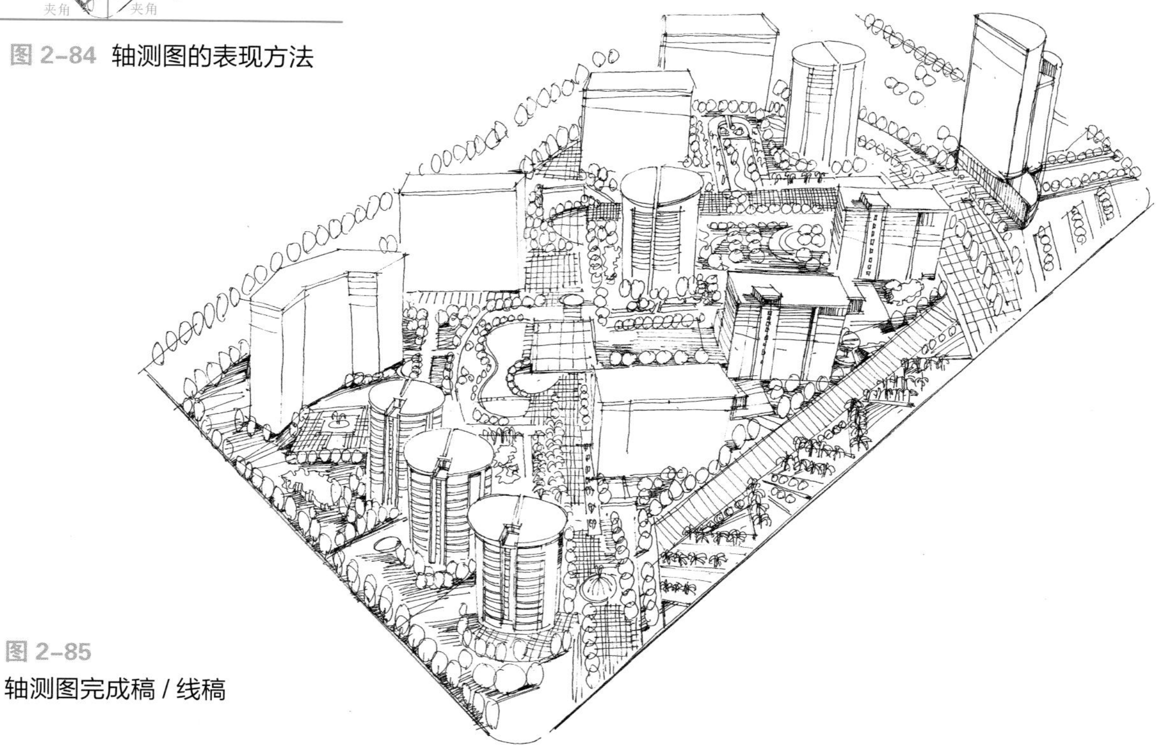

图 2-85

轴测图完成稿 / 线稿

轴测图与鸟瞰图一样，在表现景物时，做垂直拉伸一定要考虑尺度感。用其中所给尺寸来制约全景，可以快速画出来好的作品。

4. 鸟瞰图的学习与认识

鸟瞰图在透视图中又称俯视透视图。所表现的主物体都低于视平线，形式多以一点与两点来表现，如图 2–86 ～图 2–89 所示。

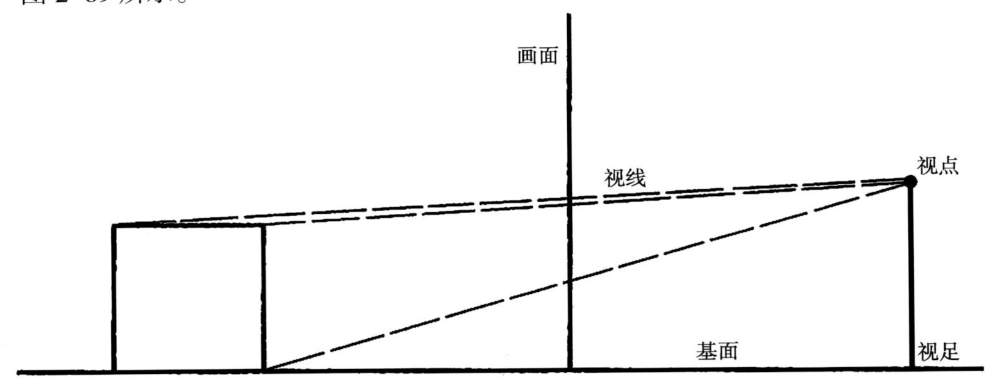

图 2–86 鸟瞰透视基本现象（一）/ 俯视

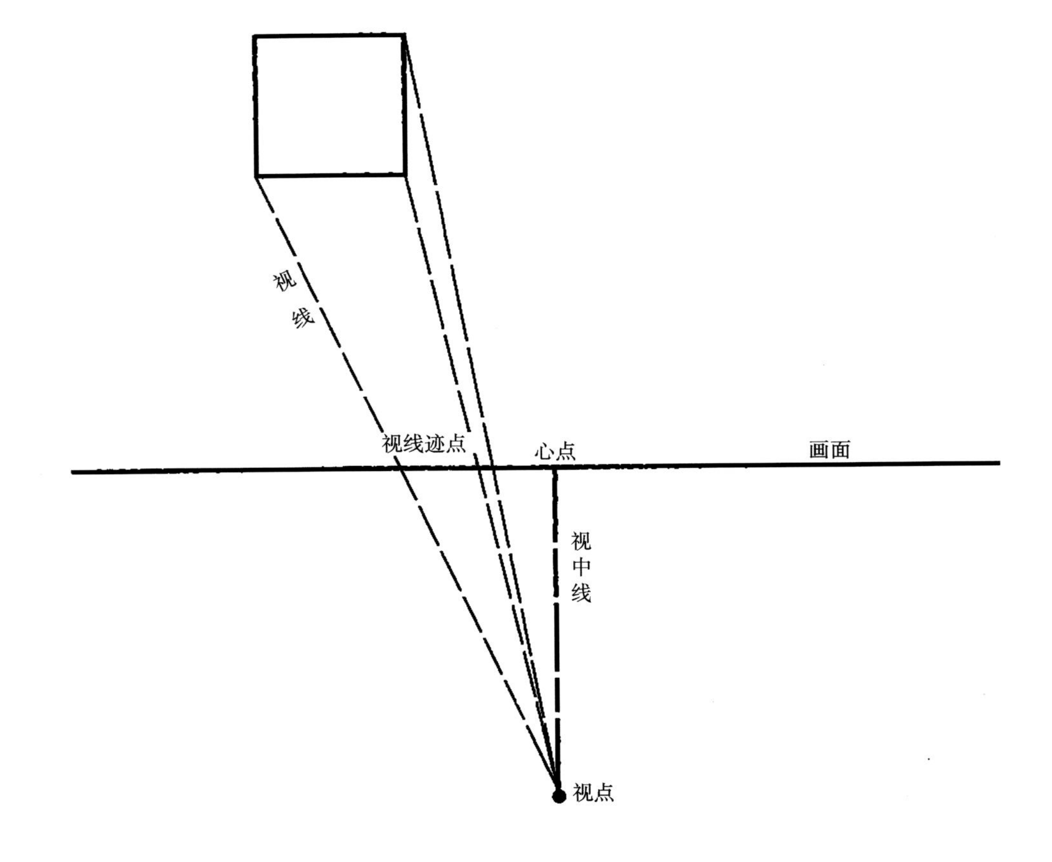

图 2–87 鸟瞰透视基本现象（二）/ 俯视

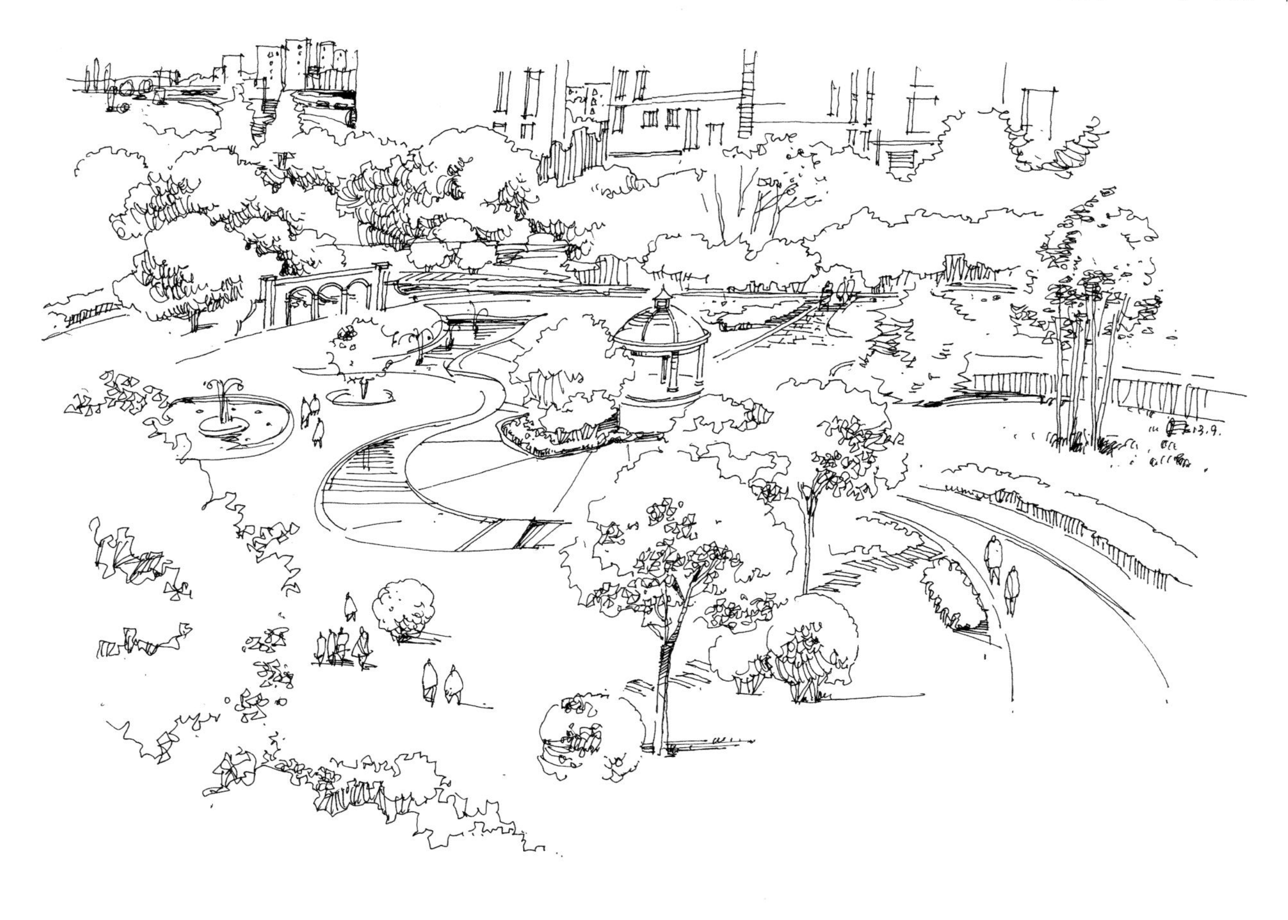

图 2–88 鸟瞰一点透视表现形式 / 线稿

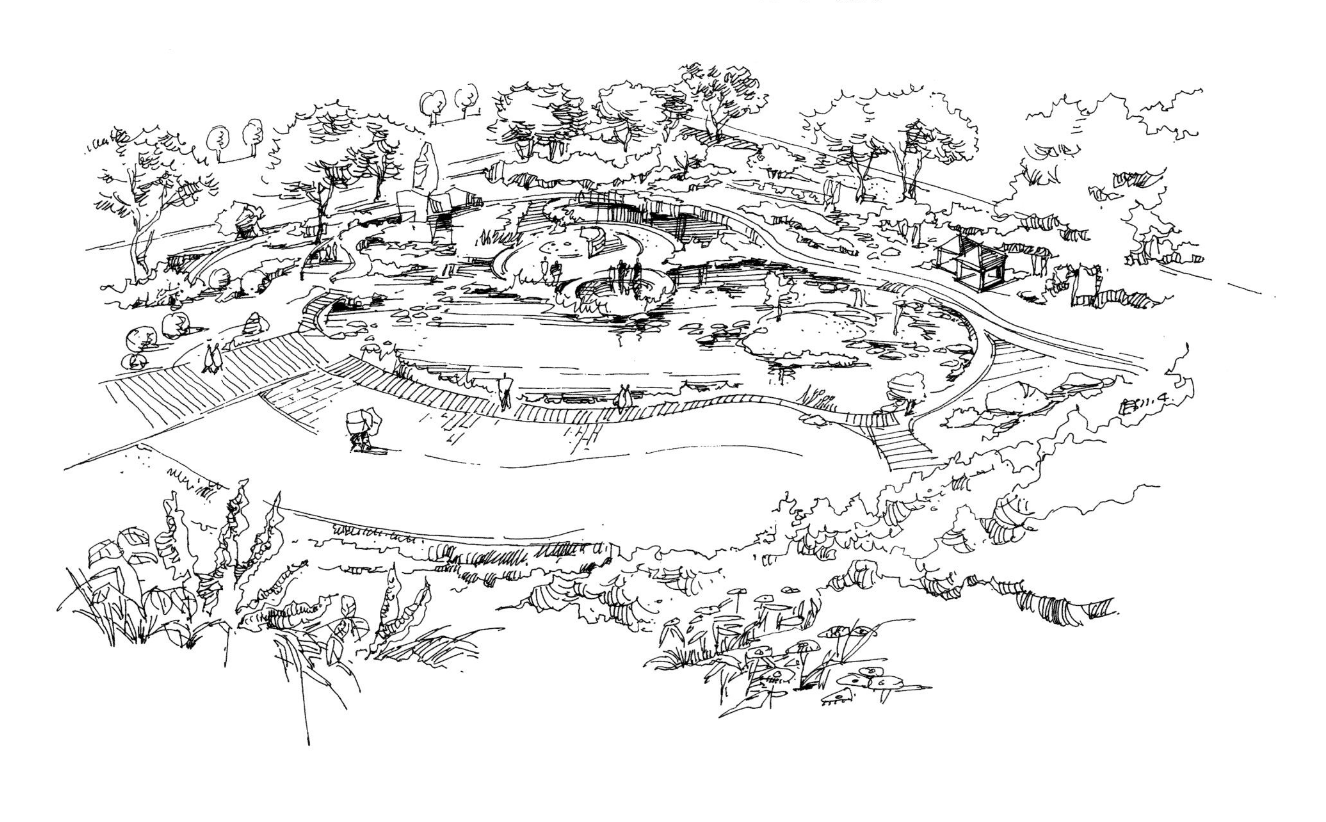

图 2–89 鸟瞰两点透视表现形式 / 线稿

5. 相关透视图的学习与认识

在设计上，透视的方法很多，无论选用什么方式，只要能表达清楚，合乎透视的规律，就可以完成作品。下面我们看一下建筑楼体的透视表现。

简捷建筑楼体的表现：

① 按比例尺寸画出建筑物正立面 A、B、C、D（图 2–90），在适当的位置定出视平线 H.L，选择 C 点画出两条透视线分别交于视平线，得出两个灭点 VP_1（VP_1 点省略）、VP_2。

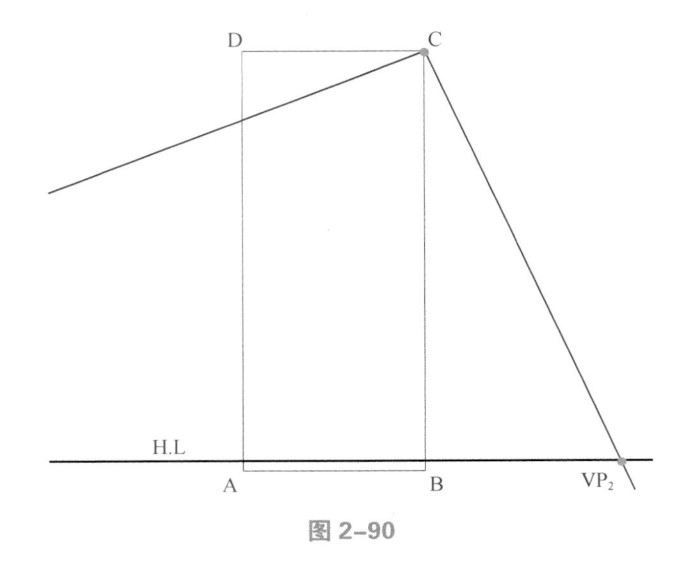

图 2–90

② 在 C、VP_2 线上，选中点引线，平行于 C、VP_1 线，交于视平线，得 O 点（图 2–91）。在视平线上任选一点 E，过 E 点作垂直线，以 O 点为圆心，VP_2 为半径画弧交于垂直线得 S 点；以 VP_2 点为圆心，S 为半径画弧交于视平线得 M_1 点。

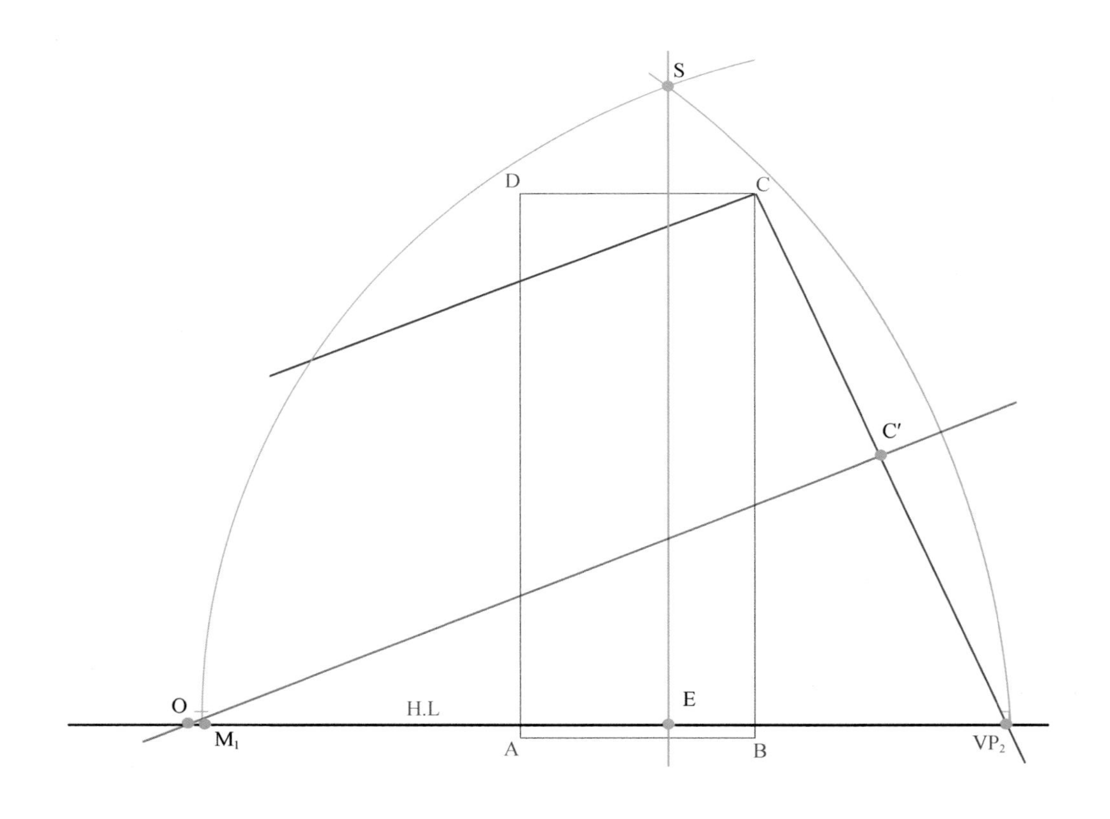

图 2–91

③ 取 S、VP_2 线中点得 S′ 点，以 O 点为圆心，S′ 点为半径画弧交于视平线得 M_2' 点（图 2–92），再求出 M_2 点（M_2' 到 VP_2 等于 M_2' 到 M_2 的距离）。

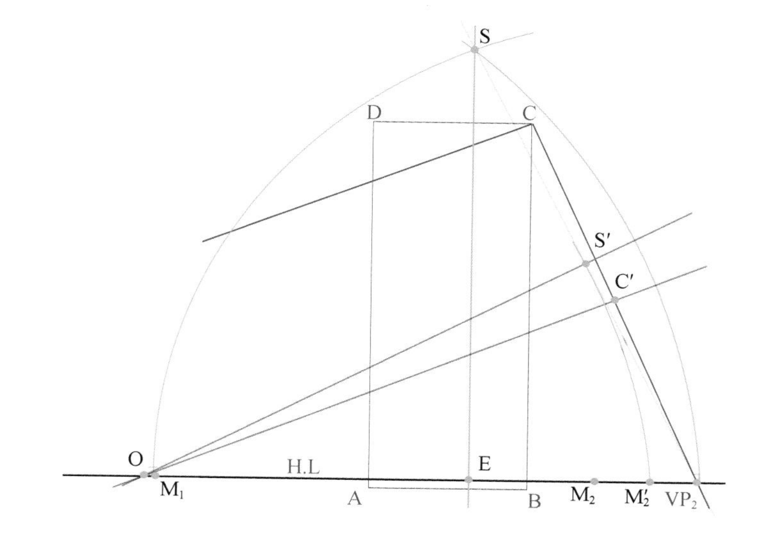

图 2–92

④ 作 D、M_2 连接线，与 C、VP_1 线相交得 D′ 点；作 D、C 水平延长线，求得 F 点（楼体实际侧墙尺寸），过 C、VP_2 连线，连接 F、M_1 点，得 G 点，分别在 D'、C、G 点做垂直线，并让三条线底部分别稍放宽一些（图 2–93）。

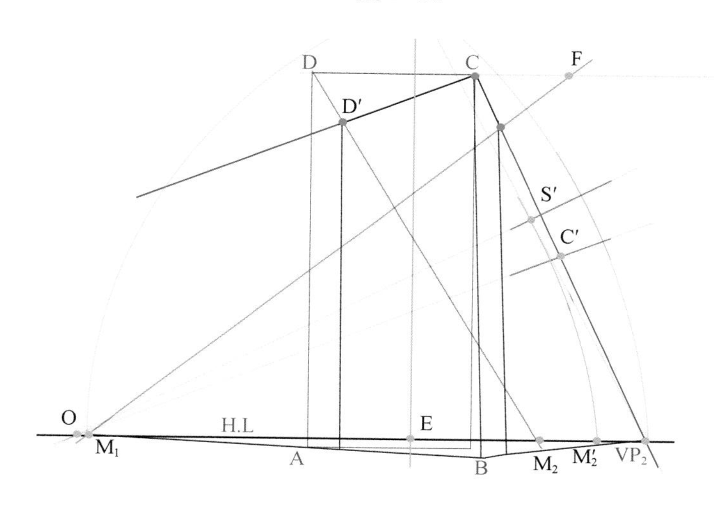

图 2–93

⑤ 分别在 D、A 线段与 D、F 线段画出楼体正面、侧面的实际尺寸单位，再分别向 VP_1、VP_2 连线（图 2–94）。

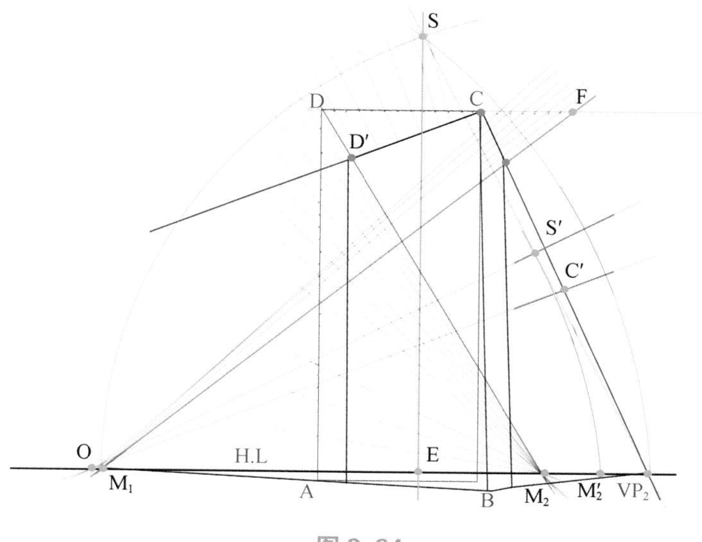

图 2–94

⑥ 再分别在楼体的尺寸线上，作竖向线和横向线（分别向两个灭点连接）（图 2–95）。

⑦ 完成稿（图 2–96）。这样就可以完善场景，添加你所需要的环境。如车辆、人物、周围的建筑、景观等。

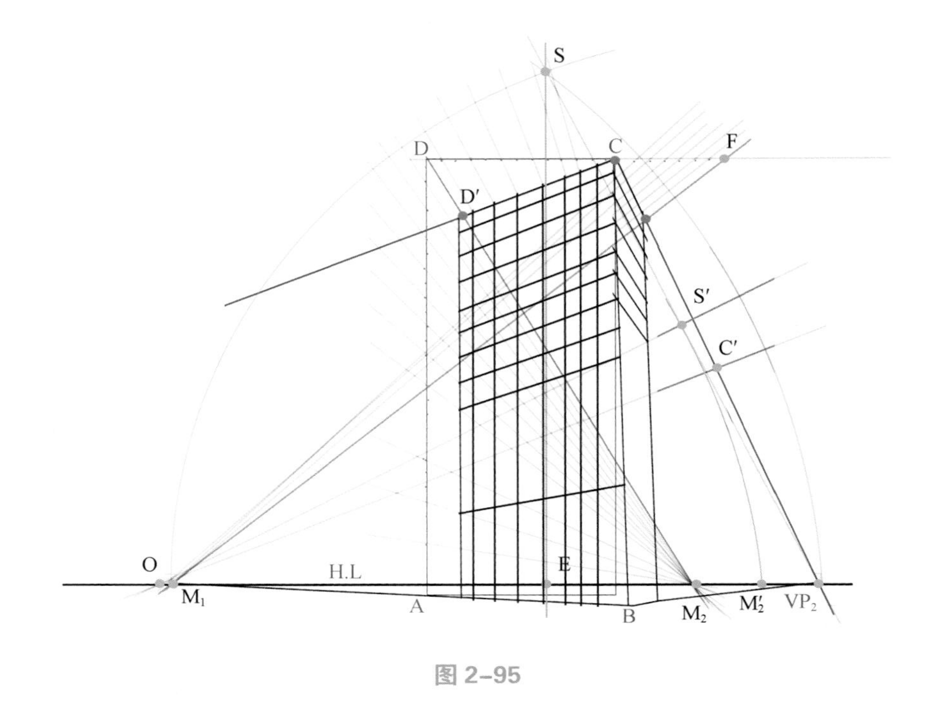

图 2–95

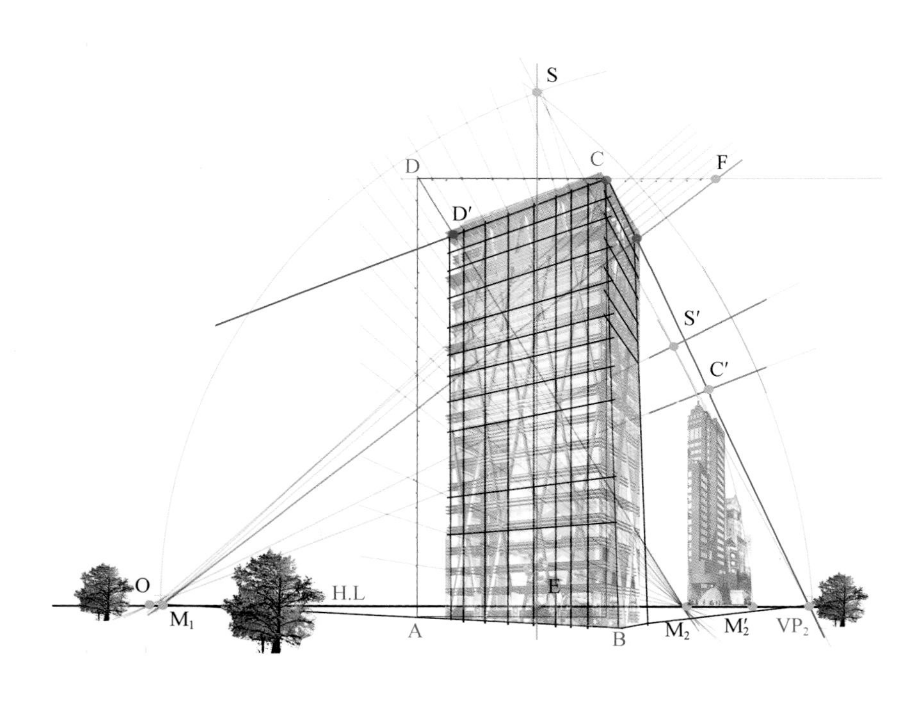

图 2–96

“建筑师应该通晓工程算术、数学、几何学、法学、还有哲学、艺术、文学、音乐等。”

——维特鲁威《建筑十书》

本节教学重点：

1. 学习认识透视的基础知识。
2. 一点透视在场景中的应用。
3. 两点透视在场景中的应用。

课后作业：

1. 用 A3 复印纸画一点透视 3 张、两点透视 3 张（要求用尺规）。
2. 轴测图、鸟瞰图 A3 各 1 张。

项目三 实践篇

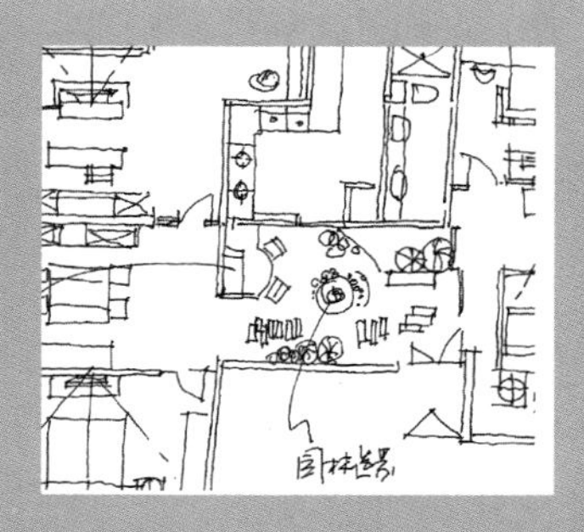

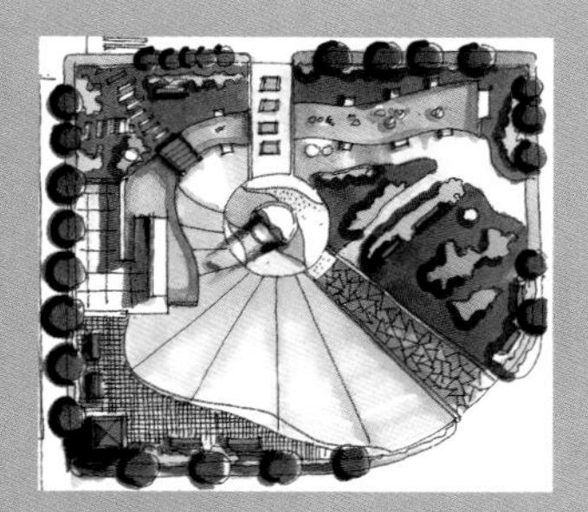

一 建筑景观环境方案的手绘表现

学习任务：掌握建筑景观手绘方案的表现技法

学习目的：对建筑景观手绘方案的理解

项目内容：重点完成建筑景观手绘的表现

实训要求：基本做到对建筑景观手绘方案的初步表现

建议课时：8 学时

1. 草图方案稿的手绘表现

实训内容：按给出的某一别墅环境，在 A3 复印纸上简单做平面、立面草图方案，并简单地做一些表现（指导教师提前指导学生准备别墅环境相关图纸资料）。

时间：2 学时。

例：我们先看几张简单的设计构思。

这是三种不同形式的平面构思方案，产生的视觉也不一样。

第一组是别墅门前的地面铺设构思图，如图 3–1 和图 3–2 所示。

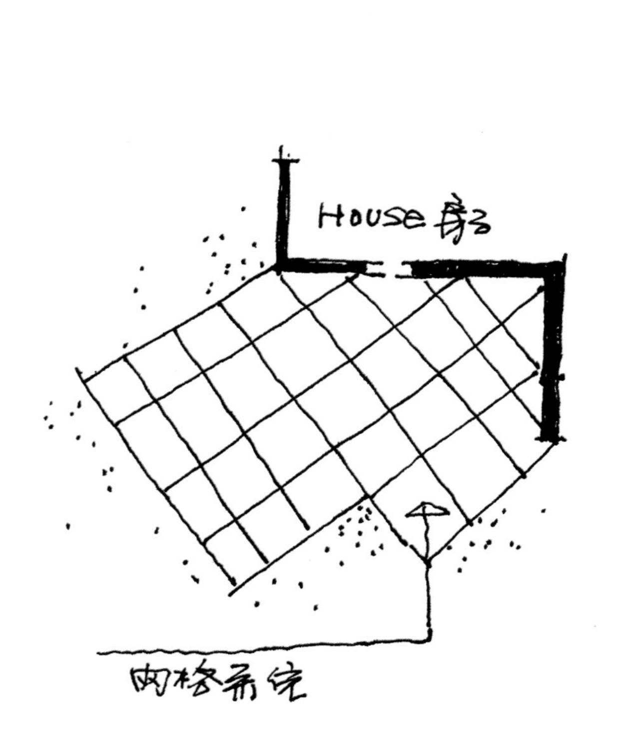

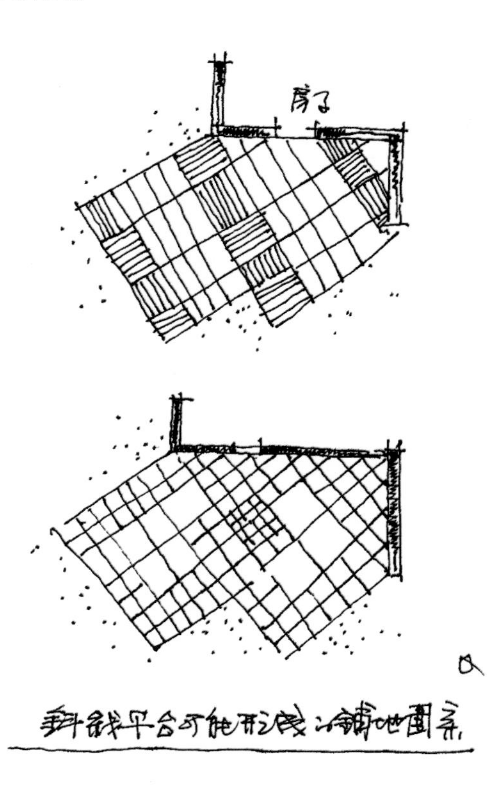

图 3–1、图 3–2 别墅门前铺设方案构思 / 线稿

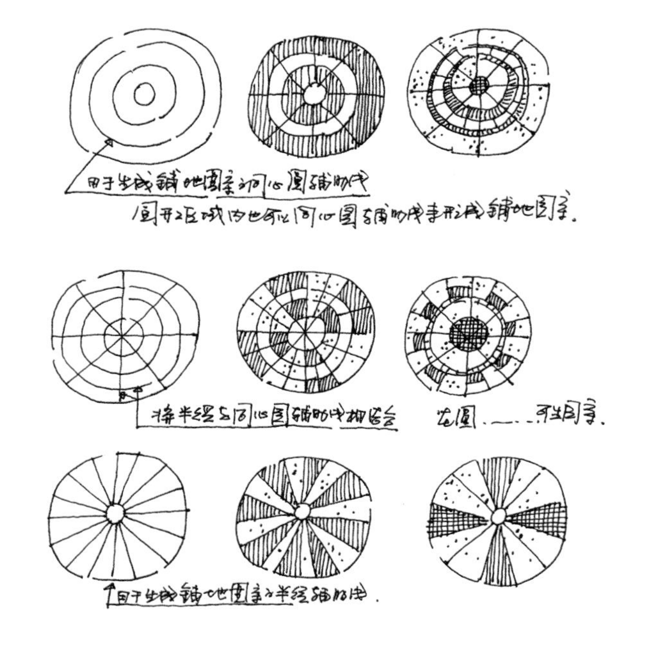

第二组是圆形的铺设方案，如图 3–3 所示。圆形向心力强，适合于作视觉中心。强调主体。

图 3–3 圆形的铺设方案构思 / 线稿

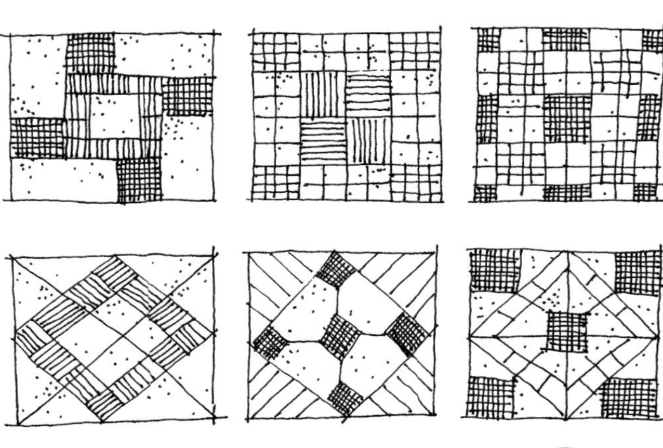

第三组是几种方形的铺设方案，如图 3–4 所示。方形规矩，常说“没有规矩，不成方圆”。在方形中寻求一种合乎美学变化，又实用是设计师要费心考虑的。

图 3–4 方形的铺设方案构思 / 线稿

学做设计就要从最基础开始；优秀的设计师也是这样开始的。

这是一张别墅的平面草图方案。当草图表现方案出来后，就要对细节加以分析，并要标注出来，如图 3–5 所示。

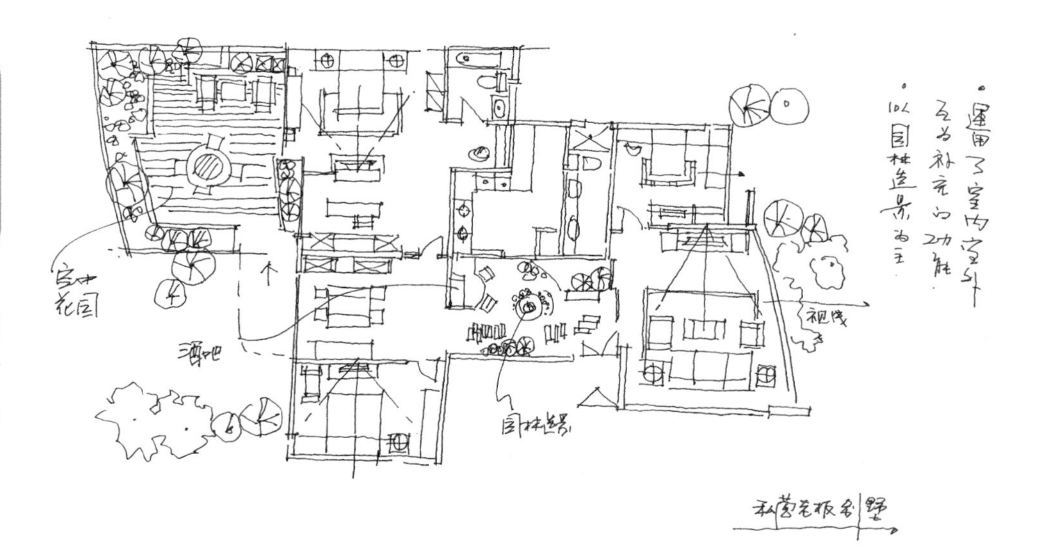

图 3–5 别墅平面草图 / 线稿

景观的草图方案稿完成最初的想法，还要对细节的植物部分加以标注与说明，如图 3–6 ～图 3–9 所示。

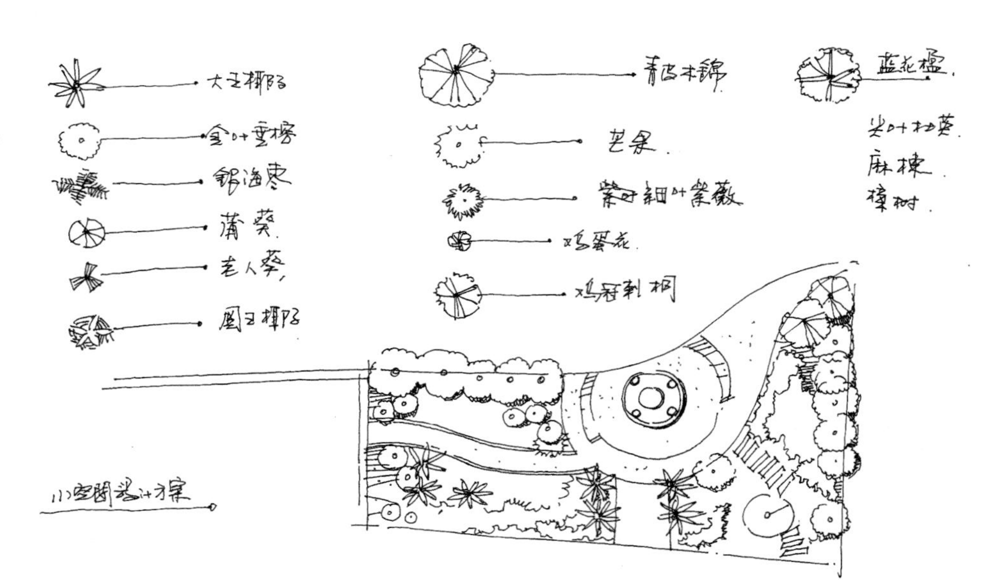

图 3–6
景观小环境草图 / 线稿

图 3–7
别墅小环境 / 线稿 / 马克笔

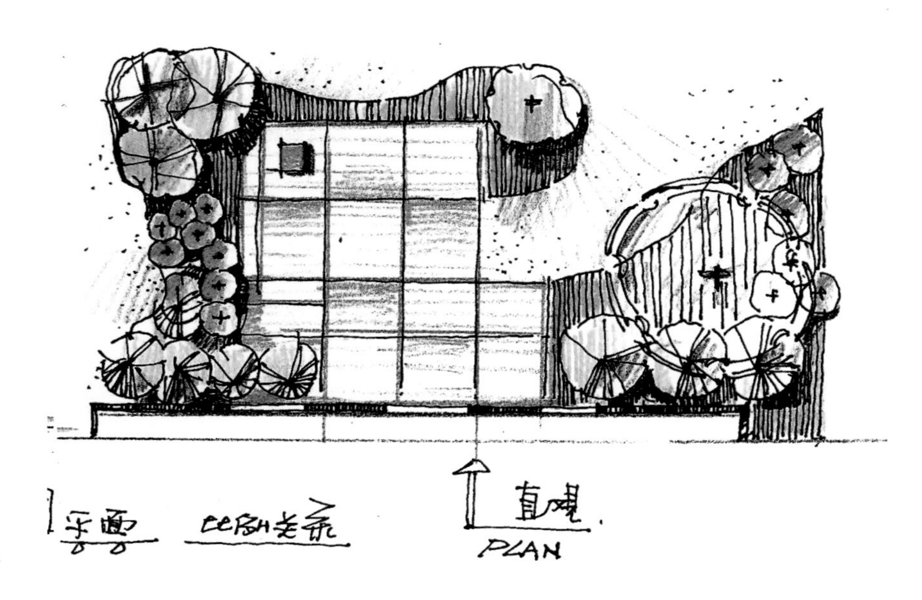

图 3–8
别墅小环境 / 线稿 / 彩铅

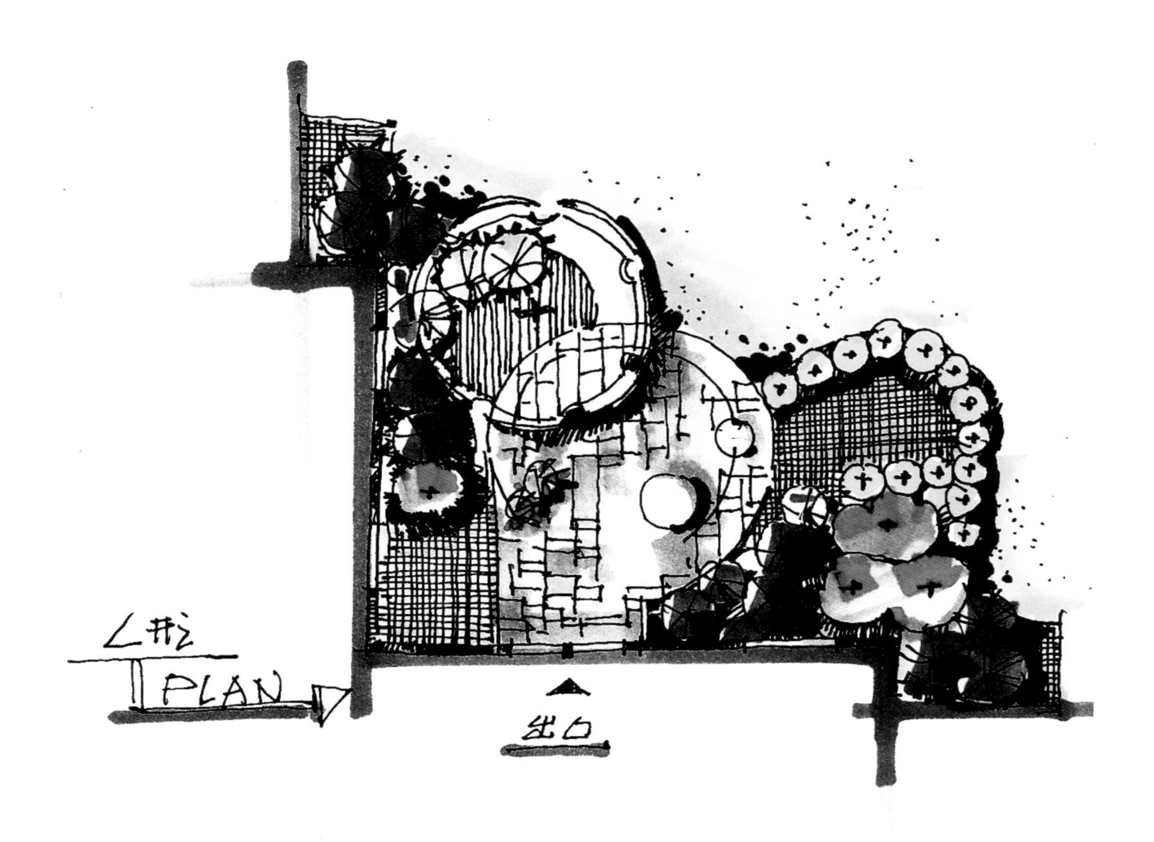

图 3-9 别墅小环境 / 线稿 / 马克笔

立面在建筑景观环境中是常用的表现方法之一，立面也常常要表现为立剖面。

立面（立剖面）要交代地貌的走势、街道路面的尺寸、标高、建筑物与环境的剖面关系、材质的运用和升降落差的空间，如图 3-10 所示。

立面（立剖面）还要按尺寸、比例来表现。

立面图常用于表现建筑景观环境、园林环境的设计意图与想法，表现小型建筑、小桥、小品、水景等，为施工提供第一手资料。

项目的设计学习就是确定自身专业能力的培养，经历得越多，收益越大。

本节教学重点：

1. 平面草图方案的表现。
2. 立面、立剖面方案的表现。

课后作业：

1. 内容：完成 3 张不同环境的建筑、景观平面图，1 张立剖面图。
2. 要求：

① 用 A3 复印纸设计表现。

② 以草图构思形式来表现，但要求对设计的细节给予标注和说明。

③ 可以用少量的马克笔、彩铅来表现。

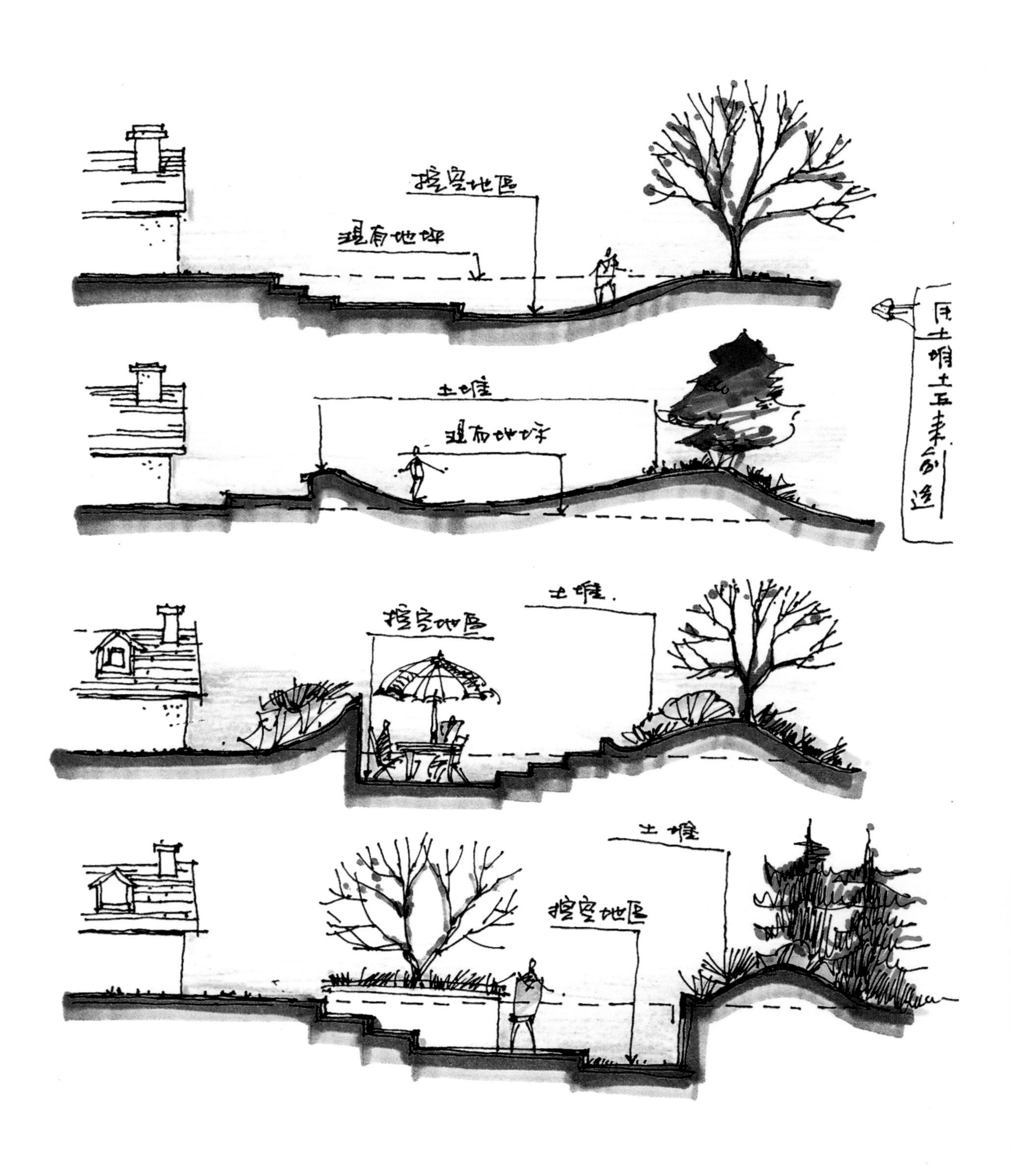

图 3-10 立剖面几种不同方案的构思

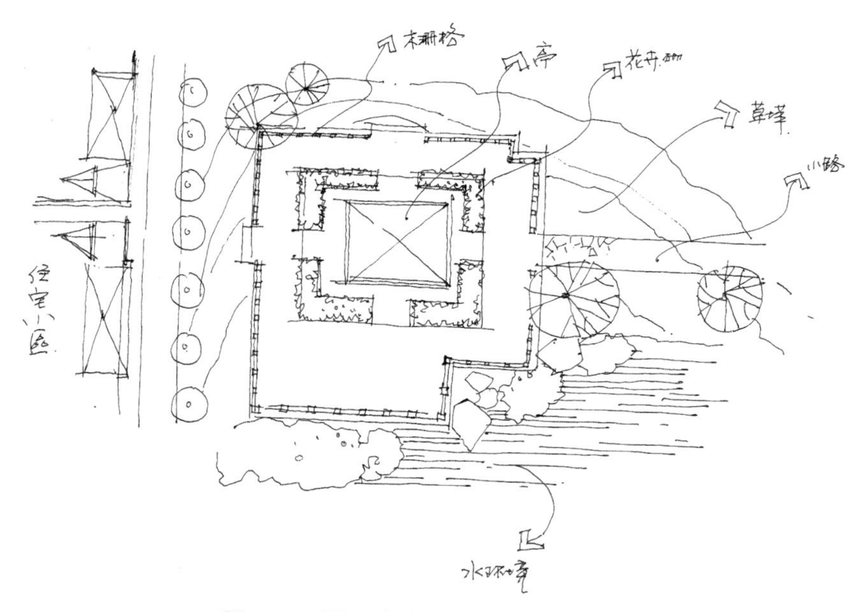

图 3-11　平面方案分析构想图 / 线稿

2. 透视效果图方案的手绘表现

实训内容：按给出的某公园小环境，在 A3 复印纸上设计透视图草图方案，采用一点、两点透视，并用马克笔、彩铅做一些表现（可以让学生提前准备公园环境图片）。

时间：3 学时。

例：开始设计表现。

按照图纸画出平面图，分析周围的情况，构想设计的内容，越细越好，如图 3-11 所示。选择透视角度，表现场景，如图 3-12 所示。

图 3-13 ~ 图 3-18 都是一点或两点的透视方案效果图。

图 3-12　两点透视方案表现图 / 线稿

图 3-13　一点透视方案效果图 / 线稿

图 3-14 一点透视方案效果图 / 线稿

图 3-15 一点透视方案效果图 / 线稿

图 3-16　一点透视方案效果图 / 线稿

图 3-17　两点透视方案效果图 / 线稿

图 3-18 两点透视方案效果图 / 线稿 / 马克笔 / 彩铅

选择透视角度，即视点的高低、左右变化，会给画面带来生动有效的表现效果。

本节教学重点：

1. 一点透视环境方案的表现。
2. 两点透视环境方案的表现。

课后作业：

1. 内容：完成 1 张较为完整的以建筑为主的透视图。
2. 要求：

① 用 4 开图纸设计表现。

② 采用两点透视构图，透视准确，有一定的视觉感。

③ 用马克笔、彩铅表现。

3. 鸟瞰图方案的手绘表现

实训内容：按给出的住宅小区环境，在A3复印纸上画鸟瞰图草图方案，采用轴测图来表现透视，要求黑色线稿（可以让学生提前准备住宅小区环境图片）。

时间：3学时。

例：

将平面转换成透视需要很好的绘画功底，图3–19就是产生完整设计前的快速表现方案。

场景大较难把握。建议开始练习时，多以小环境入手。图3–20～图3–22是画的规模比较大的场景透视鸟瞰图的方案稿。

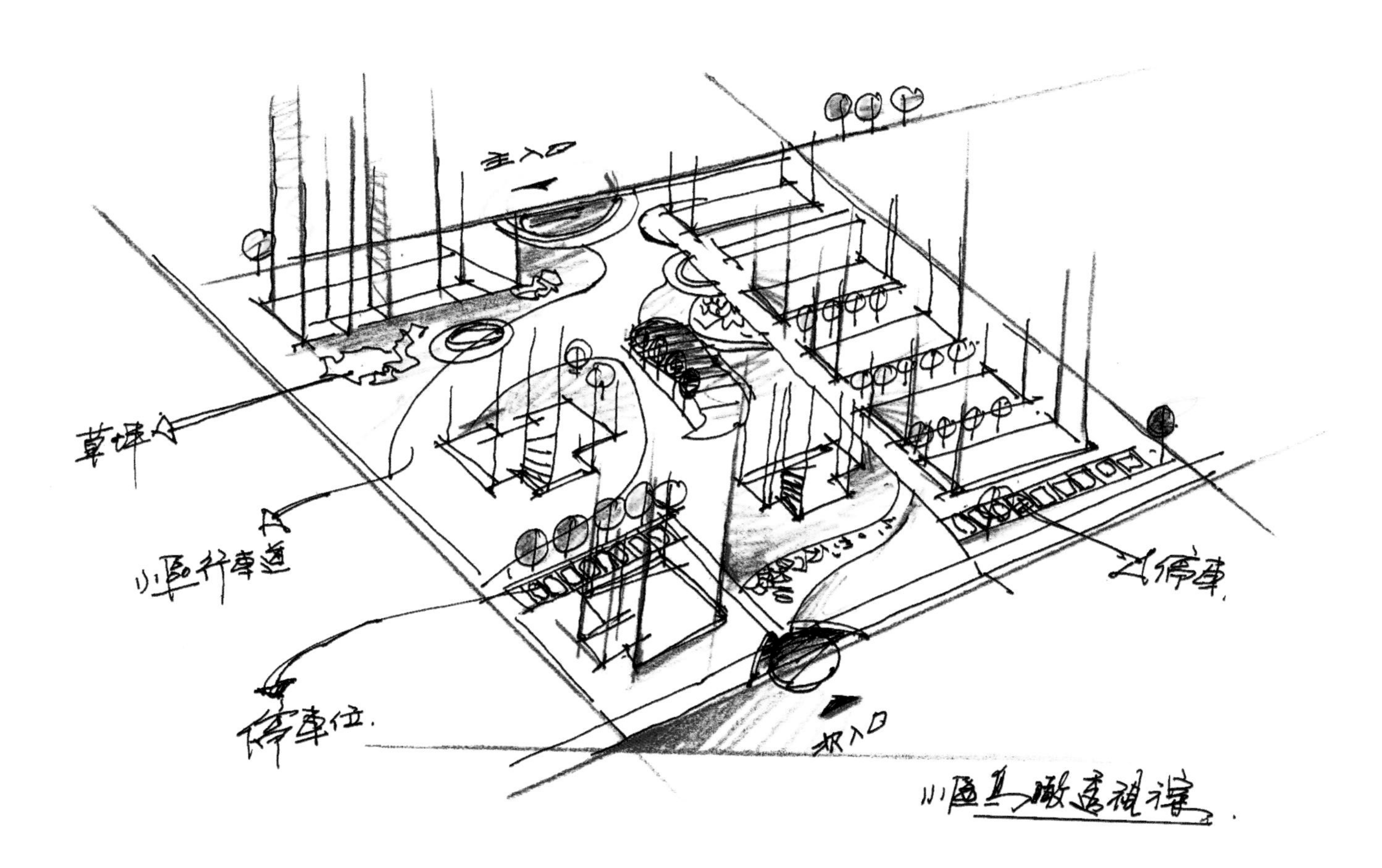

图3–19 快速思维方法的轴测图

图 3-20 小区住宅全景鸟瞰设计表现方案图 / 线稿

图 3-21、图 3-22 局部

复杂的鸟瞰图，要学会将场景分切成组，选择大的透视线，先整体，后局部，再回到整体。

图 3-23 和图 3-24 是两张不同透视视角的鸟瞰图。

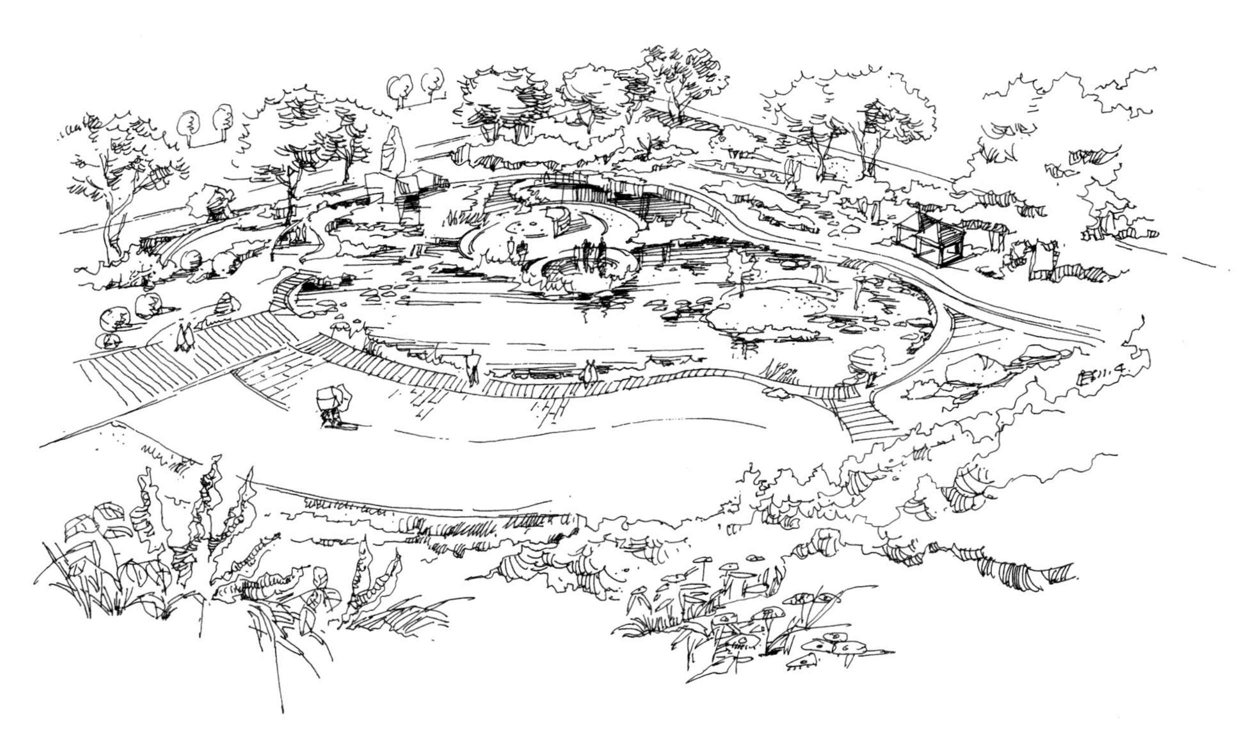

图 3-23 景观鸟瞰设计表现方案效果图 / 线稿

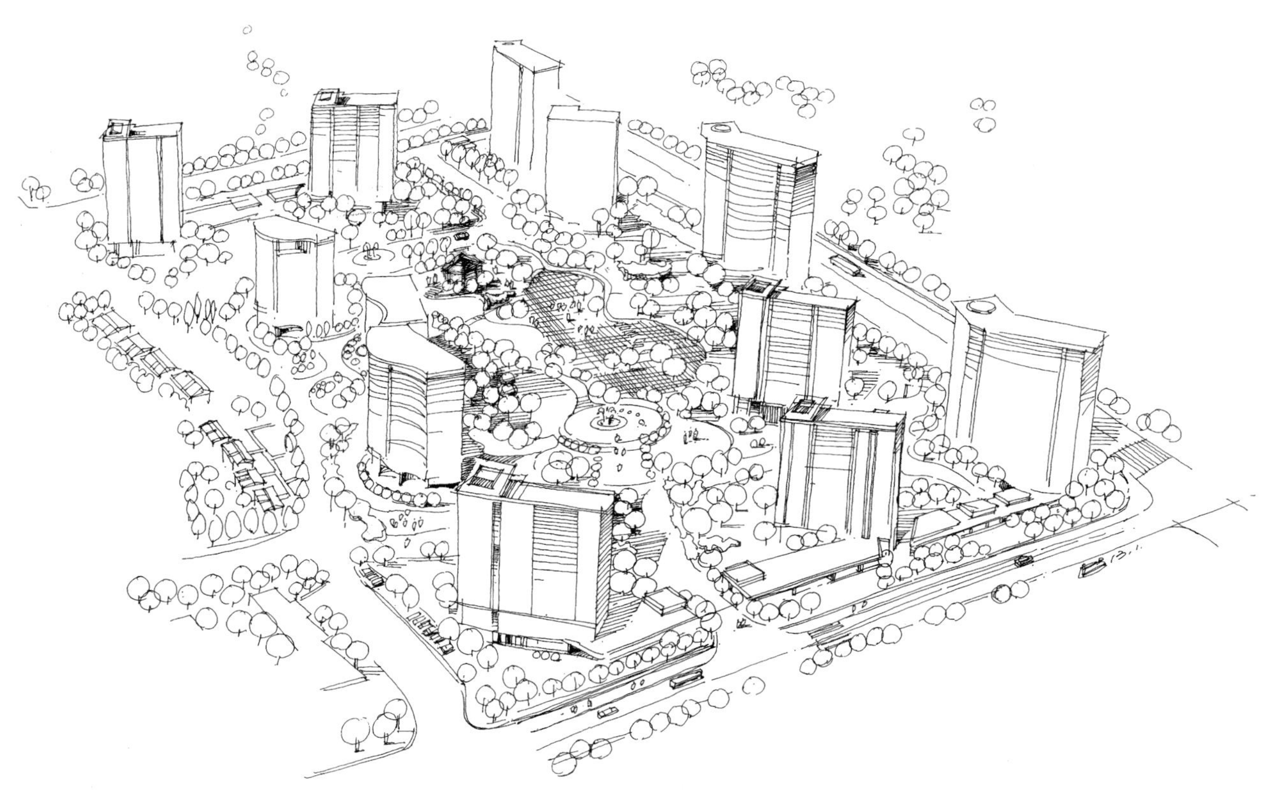

图 3-24 轴测方案效果图 / 线稿

“要成为一名合格的设计师，要求强烈的职业道德和社会使命感，要站在客户的立场，用你专业和智慧使顾客利益，在有限的预算范围内价值最大化。”

——贝聿铭

本节教学重点：

1. 一点、两点鸟瞰图方案的表现。
2. 轴测图方案的表现。

课后作业：

1. 内容：完成 1 张较为完整的住宅小区鸟瞰图。
2. 要求：

① 用 4 开图纸设计表现。

② 构图完整，透视准确。

③ 用马克笔、彩铅表现。

二　建筑景观环境快题的手绘表现

学习任务：学习建筑景观手绘快题的表现

学习目的：快题设计在建筑景观手绘中的表现

项目内容：建筑景观手绘快题的设计表现

实训要求：初步掌握建筑景观快题手绘表现

建议课时：14 学时

快题表现是设计师创作灵感、发散思维最活跃的阶段。通过快题设计，能反映对设计空间环境的理解，也能看出设计内容的基本深度。

近年来，全国很多高校在研究生考试中，无论是室内环境、建筑环境，还是景观环境、园林环境，常采用快题设计考试，来检查学生对专业知识的认识和理解水平。

快题设计一般是有命题的，限制时间。在设计内容上，需要作平面图、立面图、剖面图、透视图、鸟瞰图等分析设计，还要有设计说明，在版式上也应有一定的设计效果。

快题设计在手绘表现中，也是重要的学习环节，特别是表现的作品能够反映出学生在学习的过程中，是否在构思能力和设计语言上得到充分锻炼，也能为日后打下坚实的基础。

在做设计表现前，我们先看几个方案的快题表现。

快题的草图方案往往是根据设计题目的内容及设计规定的时间，来确定设计的深度。通常草图方案需要留出 1/4 的时间。在这个时间内，要迅速确定平面的布局设计，以及透视场景的表现角度（根据自己的能力选择透视角度），还要考虑材质、功能分区、人行流线、周围环境、尺度及版式、设计说明等。如图 3–25 所示。

表现上可以用铅笔、针管笔（中性笔）、彩铅、马克笔。无论用什么工具，关键是真正把你的设计思想表达出来。

快题的表现图，根据内容的多少和设计的要求分 1 张或是 2 张来完成。在表现上，尽量完整，平面图、立面图、透视图，无论色彩多或少，表现手法、风格要一致。设计说明言简意赅、说明问题，文字在 100 ～ 200 字即可。如图 3–26 ～图 3–28 所示。

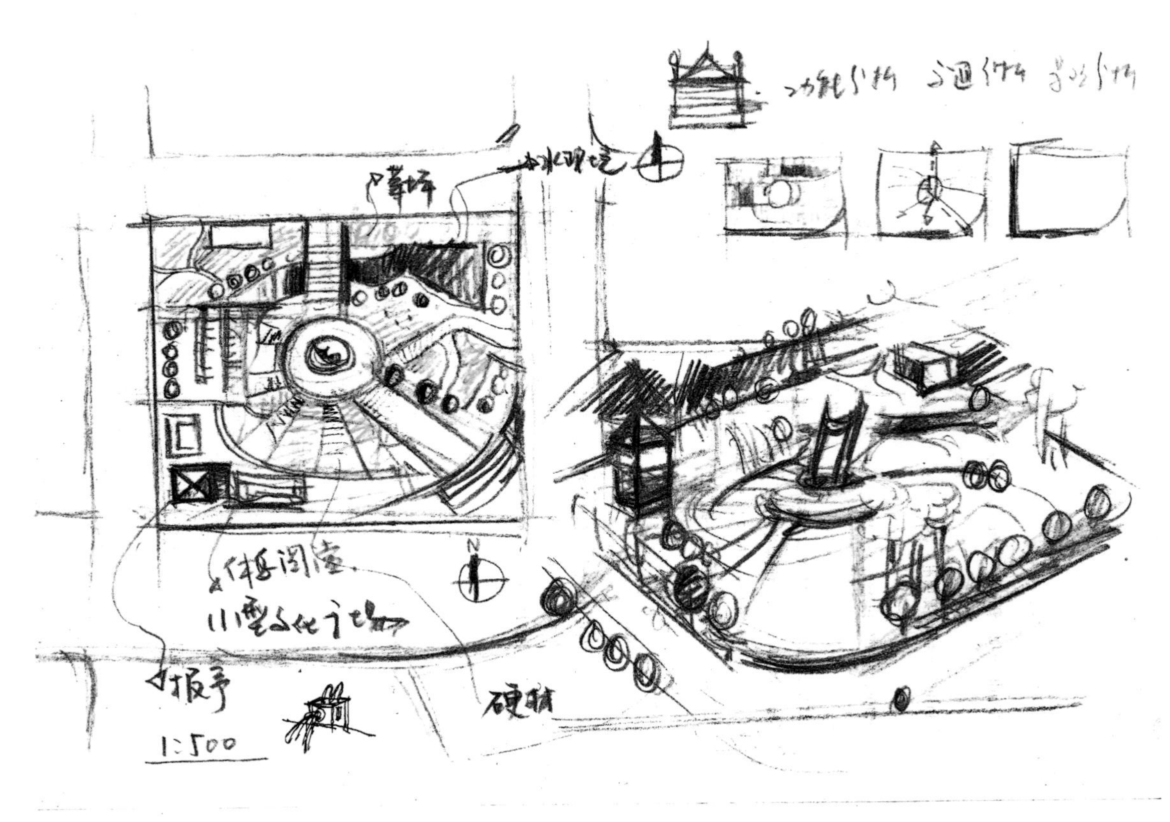

图 3–25 小型文化广场快题草图 / 彩铅

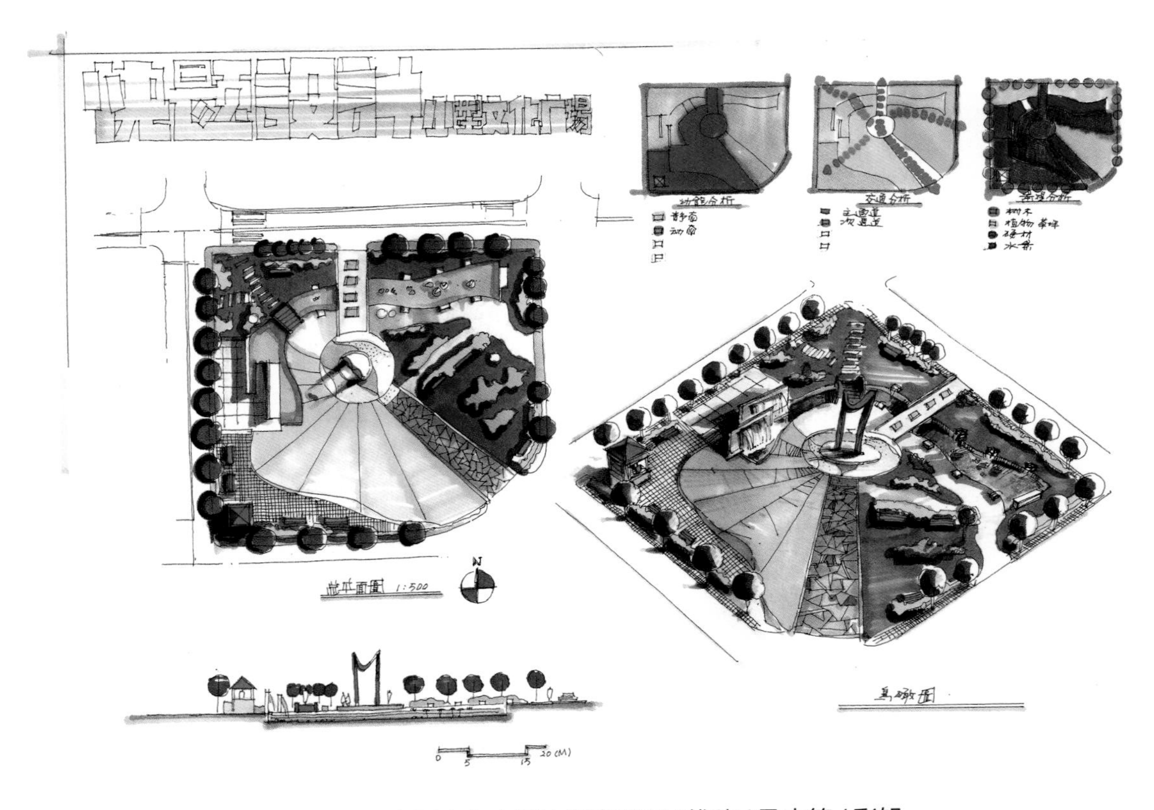

图 3–26 小型文化广场快题表现图 / 线稿 / 马克笔 / 彩铅

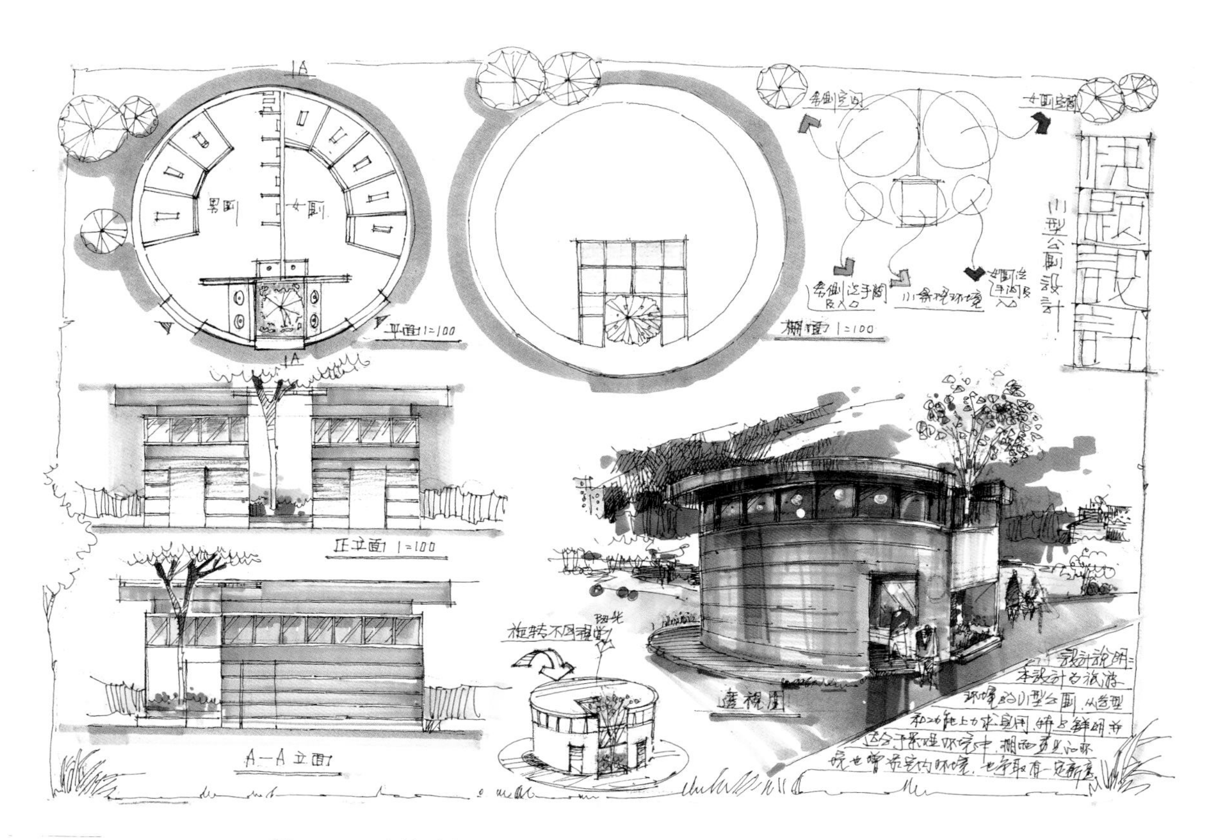

图 3–27 公共建筑景观环境快题表现图 / 线稿 / 马克笔 / 彩铅

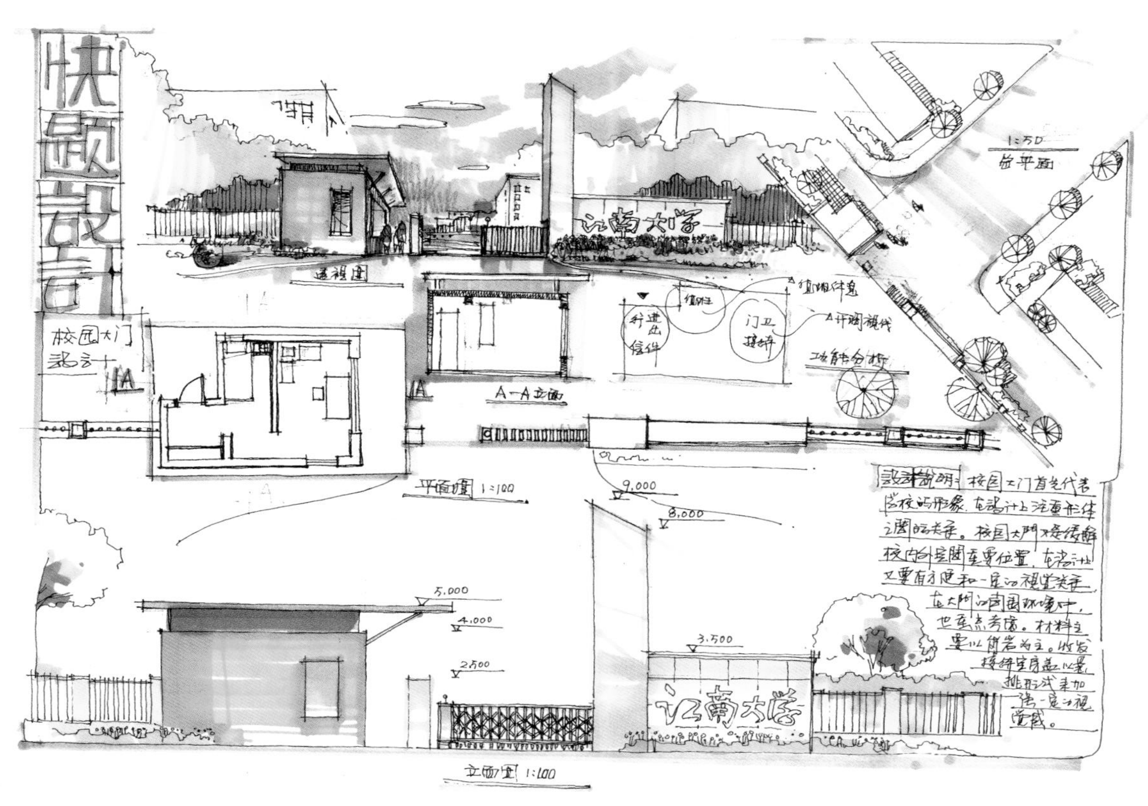

图 3–28 校园建筑景观环境快题表现图 / 线稿 / 马克笔 / 彩铅

1. 别墅环境的快题表现

实训内容：按给出的某一别墅环境与设计要求，在 4 开图纸上完成平面图、立面图、透视图等方案，并要求写 100 字设计说明（指导教师提前指导学生准备别墅环境原始图纸资料）。

时间：4 学时。

本节教学重点：

1. 别墅快题的表现。
2. 快题图纸的布局。

课后作业：

1. 内容：完成 1 张较为完整的住宅小区建筑景观环境效果图快题表现。
2. 要求：

① 用 4 开图纸设计表现。

② 版式合理、完整，透视准确。

③ 用马克笔、彩铅表现。

2. 景观环境的快题表现

实训内容：按给出的某一城市广场环境，在 4 开图纸上完成平面图、立面图、透视图等方案，并要求写 100 字设计说明（指导教师可以提前让学生准备广场设计资料）。

时间：4 学时。

本节教学重点：

1. 景观环境快题的表现。
2. 快题图纸的布局。

课后作业：

1. 内容：完成 1 张城市街道景观环境效果图快题表现。
2. 要求：

① 用 4 开图纸设计表现。

② 版式合理、完整，透视准确。

③ 用马克笔、彩铅表现。

3. 建筑环境的快题表现

实训内容：要求设计表现一小型建筑“报亭”，在 4 开图纸上完成平面图、立面图、透视图等方案，并要求写 100 字设计说明（指导教师可以提前指导学生准备建筑图纸资料）。

时间：6 学时。

本节教学重点：

1. 建筑环境快题的表现。
2. 快题图纸的布局。

课后作业：

1. 内容：完成 1 张建筑环境景观效果图快题表现。
2. 要求：

① 用 4 开图纸设计表现。

② 版式合理、完整，透视准确。

③ 用马克笔、彩铅表现。

三　建筑景观环境效果图的手绘表现

学习任务：建筑景观手绘技法表现的学习

学习目的：掌握建筑景观手绘表现

项目内容：建筑景观手绘效果图的技法表现

实训要求：加强对建筑景观手绘表现的能力

建议课时：20 学时

1. 建筑景观效果图的表现

实训内容：要求用 A3 复印纸（73g）表现建筑景观环境效果图 1 张。表现技法用马克笔、彩铅（指导教师可以提前让学生准备建筑景观环境图片资料）。

时间：6 学时。

例：建筑景观效果图表现的提高。

当我们拿起笔，想把效果图画的更好，却不知如何能画得更好时，选用什么样的表现方式？在前面，我们多少对表现有些了解，这里我们再来看两组表现效果图。

图片临摹表现如图 3-29 ～图 3-33 所示。

图 3-29 景观环境图片

图 3-30 临摹整理景观环境线稿

图 3-31 景观环境图片

图 3-32 临摹整理建筑景观环境线稿

图 3-33 临摹表现建筑景观环境效果图 / 线稿 / 马克笔 / 彩铅

图片的临摹练习，是学习手绘表现较为重要的环节之一。在表现时，无论是线还是色彩都要学会概括。要学会改变构图，强调主体。

步骤的表现过程如图 3-34 ～图 3-37 所示。

▲ 注意透视，视点稍降低一些。

图 3-34 建筑景观环境表现图 / 线稿（步骤一）

▲ 表现主要色调，选绿色（马克笔 T48/T47）先画树、草地。

图 3-35 （步骤二）

◀ 开始加深度与周围建筑及环境，要重点考虑光影。

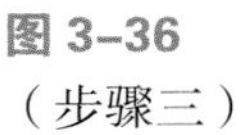

图 3–36
（步骤三）

◀ 大面积上颜色后，要学会整理，把动笔之前想好的表现效果，结合起来。细部的深入刻画，切不可面面俱到，有松有紧，有主有次才是好作品。

图 3–37
完成（步骤四）

本节教学重点：

1. 建筑环境效果图的表现。
2. 运用图片辅助来学习表现。

课后作业：

1. 内容：完成 2 张建筑景观环境图片的临摹表现。
2. 要求：
① 用 A3 复印纸（73g 以上纸张）临摹表现。
② 线稿表现组织合理，透视准确，可以添加主观的表现。
③ 用马克笔、彩铅综合表现。

2. 建筑景观鸟瞰图的表现

实训内容：要求表现建筑景观鸟瞰图 1 张，在 4 开图纸上完成综合技法表现（指导教师可以提前让学生准备建筑景观鸟瞰图资料）。

时间：6 学时。

例：感悟中的鸟瞰效果图。

在画鸟瞰图之前，我们再来看几组不同视觉效果的鸟瞰效果图，如图 3-38 ～图 3-43 所示。

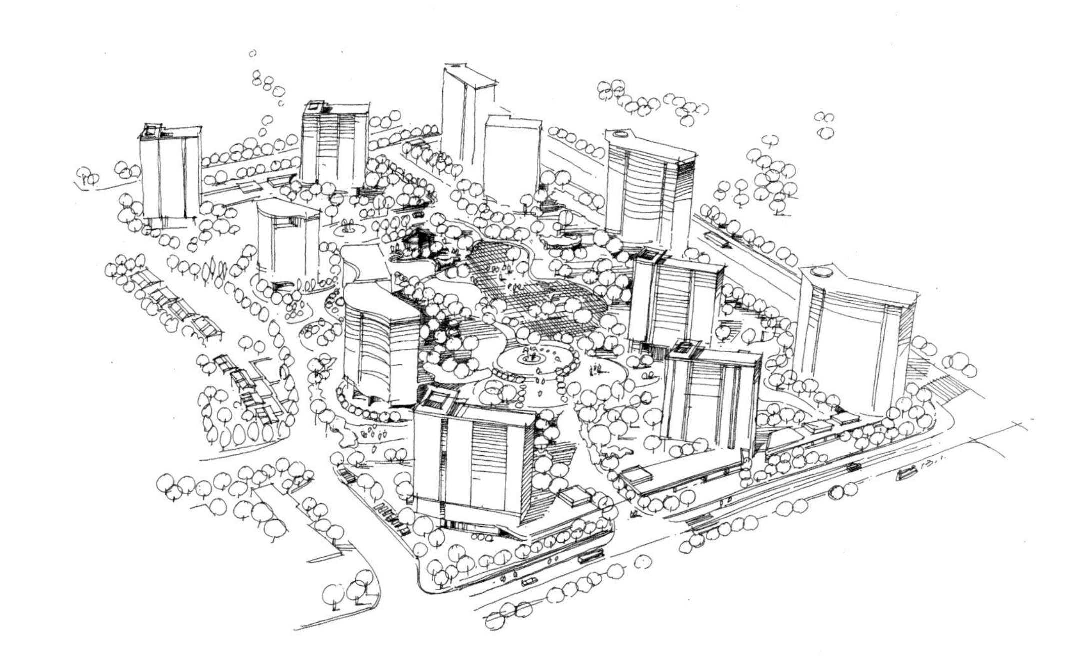

图 3-38
鸟瞰表现图 / 线稿

图 3-39
鸟瞰表现图 / 线稿 / 马克笔 / 彩铅

图 3-40 鸟瞰表现图 / 线稿

图 3-41 鸟瞰表现图 / 线稿 / 马克笔 / 彩铅

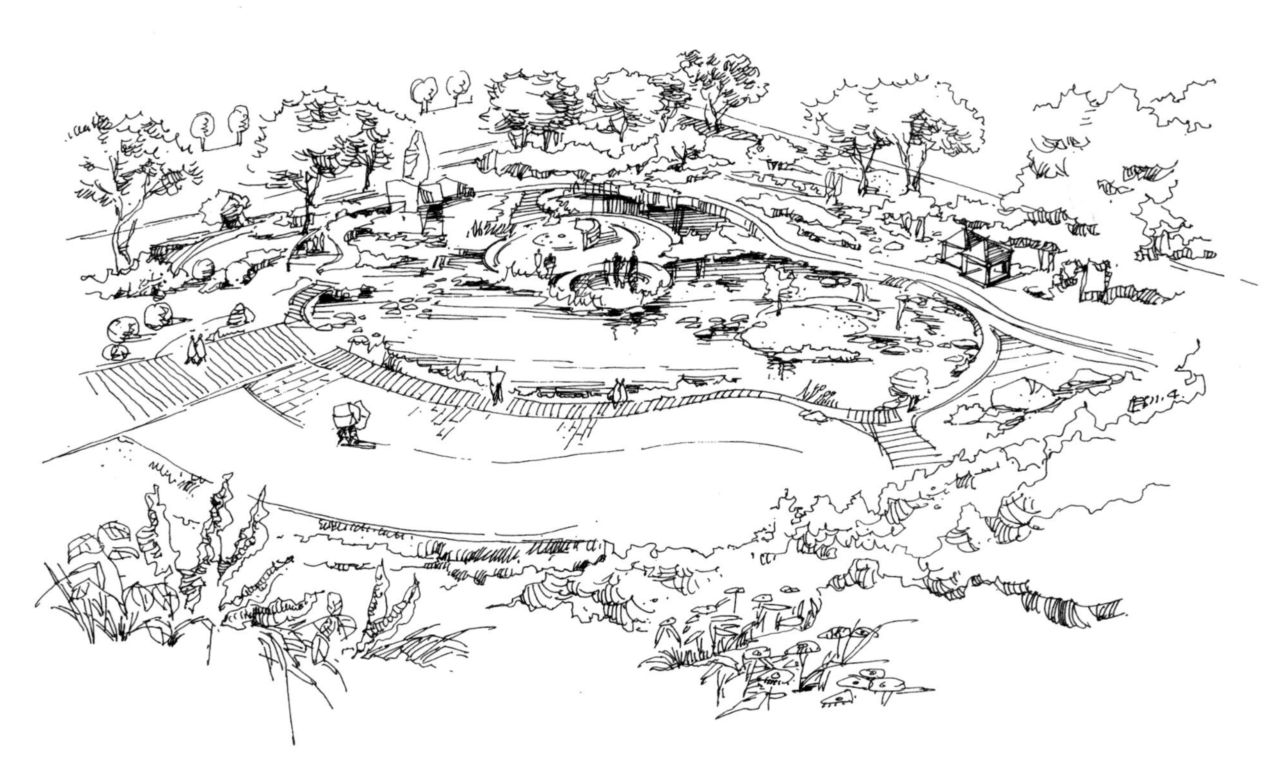

图 3-42　鸟瞰表现图 / 线稿

图 3-43　鸟瞰表现图 / 线稿 / 马克笔 / 线稿

图 3–38 和图 3–39，表现的是建筑住宅的鸟瞰图，线稿概括，说明问题。色稿色彩偏冷，强调色彩的变化，也充分表现场景的视觉感。图 3–40 和图 3–41、图 3–42 和图 3–43，表现的是住宅与公园环境，在完成线稿的同时，在色彩上表现整体，追求画面的光影，用笔干脆而丰富，体现比较丰富的画面效果。

体现大空间，视野开阔是鸟瞰图的最大特点，但必须要学会概括，注意用笔，注意颜色关系。

本节教学重点：

1. 建筑景观鸟瞰图的表现。
2. 掌握鸟瞰图的不同表现形式。

课后作业：

1. 内容：完成 1 张建筑景观住宅小区环境鸟瞰图。
2. 要求：

① 用 4 开图纸表现。
② 注意透视关系，把握好尺度感。
③ 用马克笔、彩铅等技法综合表现。

3. 建筑景观效果图的综合表现

实训内容：要求用手绘（线稿）和计算机（上色）表现完成 1 张建筑景观环境（指导教师可以提前让学生准备建筑资料）。

时间：8 学时。

例：灵活的表现设计。

今天的设计领域，设计手法千变万化，采用的工具也不同。但无论用何种手法，设计的目的就是要真正把好的设计思想、理念、方案等展现出来。

下面介绍一组用 Photoshop 完成的表现设计效果图，如图 3-44 ～图 3-50 所示。

步骤一：把手绘稿扫描为 jpg 格式的电子文件（可以扫描或拍照）。

图 3-44
景观环境 / 线稿

步骤二：在 Photoshop 软件里打开，建图层，选画笔开始画草地（画笔大小可以自己选择）。

图 3-45

▲步骤三：继续建图层，画树及远景。

图 3-46

▲步骤四：大块颜色完成后，可以画细节。

图 3-47

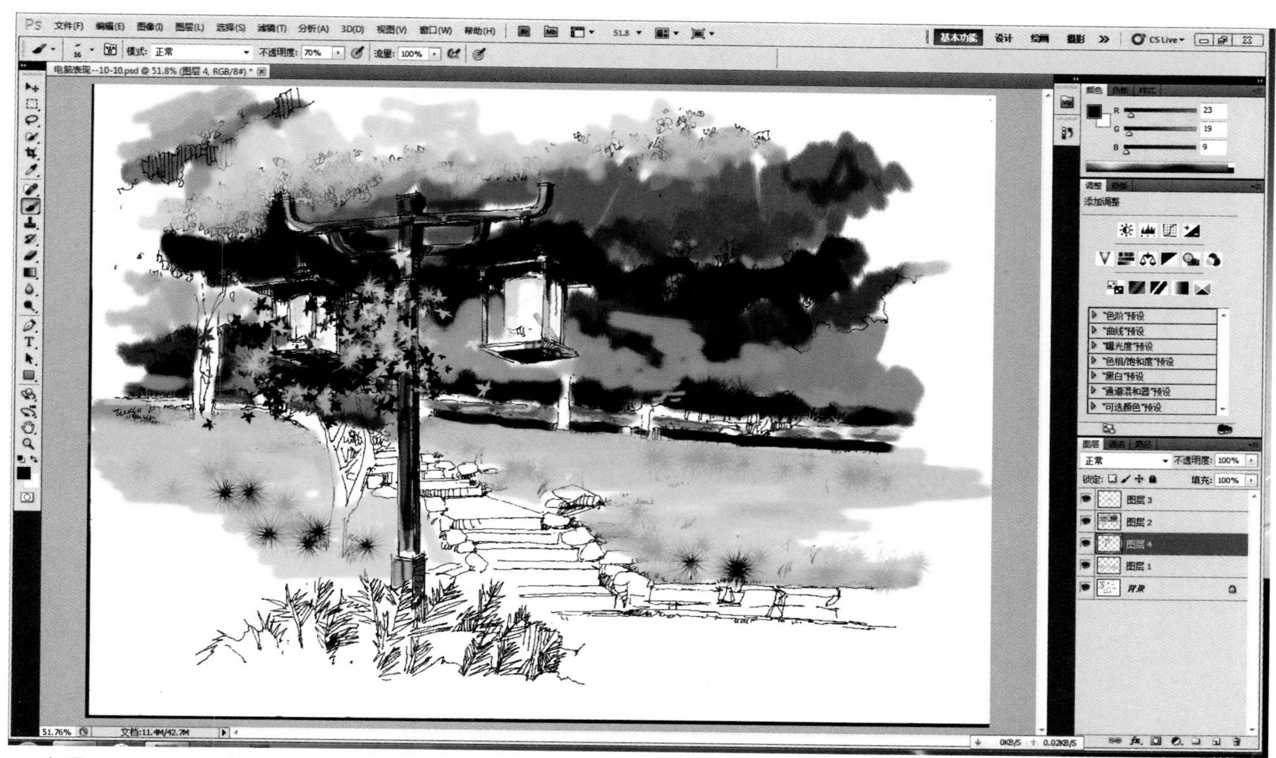

▲ 步骤五：画近景的树、灯。

图 3–48

▲ 步骤六：画近景的石道，注意光影。

图 3–49

▲ 步骤七：整理完成。

图 3–50

用计算机软件进行上色表现，是需要对所表现的场景有一定的控制能力，也需要有一定的素描和色彩的表现力，有绘画基础的同学相对好一些。所以，建议同学课外多画一些写生，来补充自己的表现能力。

Photoshop 是表现的后期处理软件，是手绘设计的好帮手。课后还应学习了解 SketchUp 软件，它是专门设计表现建筑场景的软件，如果你有很好的手绘能力，就可以结合计算机表现出优秀的作品。

本节教学重点：

1. 建筑景观环境效果图的综合表现。
2. 运用软件来辅助表现效果图。

课后作业：

1. 内容：

① 临摹 2 张色彩风景，锻炼色彩的表现力。

② 尝试完成 1 张小环境手绘与计算机结合的作品。

2. 要求：

① 色彩风景用 4 开纸画。

② 手绘与计算机结合作品，注意线稿。

③ Photoshop 表现要尽量地表达层次关系。

项目四 / 赏析篇

建筑景观手绘效果图赏析

景观庭院，表现上讲求庭院的纵深感，色彩整体分明，追求画面阳光的表现效果。

图 4–1 A 景观表现效果图 / 线稿

图 4–1 B 景观表现效果图 /A3/ 线稿 / 马克笔 / 彩铅

画面视觉开阔，表现细腻，构图饱满、鸟瞰场景生动。

图 4–2 A　建筑景观环境效果图 / 线稿

图 4–2 B　建筑景观环境效果图 /A3/ 线稿 / 马克笔 / 彩铅

强调透视，
注重表现天空。

图 4–3 A 建筑景观环境效果图 / 线稿

图 4–3 B 建筑景观环境效果图 /A3/ 线稿 / 马克笔 / 彩铅

画面空间层次清晰，色调统一，整体感强。

图 4-4 A　建筑景观环境效果图 / 线稿

图 4-4 B　建筑景观环境效果图 /A3/ 线稿 / 马克笔 / 彩铅

场景刻画细腻，用色夸张，有一定的视觉冲击力。

图 4-5 A 建筑景观环境效果图 / 线稿

图 4-5 B 建筑景观环境效果图 /A3/ 线稿 / 马克笔 / 彩铅

景观层次丰富，视觉开阔，表现主次分明、充满色彩的艺术韵味。

图 4-6 A 建筑景观环境效果图 / 线稿

图 4-6 B 建筑景观环境效果图 /A3/ 线稿 / 马克笔 / 彩铅

用笔夸张，强调庭院的视觉感。

图 4-7 A 建筑景观环境效果图 / 线稿

图 4-7 B 建筑景观环境效果图 /A3/ 线稿 / 马克笔 / 彩铅

大胆的黑白对比，用笔收放有致，但又比较注重细节。

图 4–8 A　建筑景观环境效果图 / 线稿

图 4–8 B　建筑景观环境效果图 /A3/ 线稿 / 马克笔 / 彩铅

利用面和线的对比手法，加强设计表现的效果。

图 4–9 A 建筑景观环境效果图 / 线稿

图 4–9 B 建筑景观环境效果图 /A3/ 线稿 / 马克笔 / 彩铅

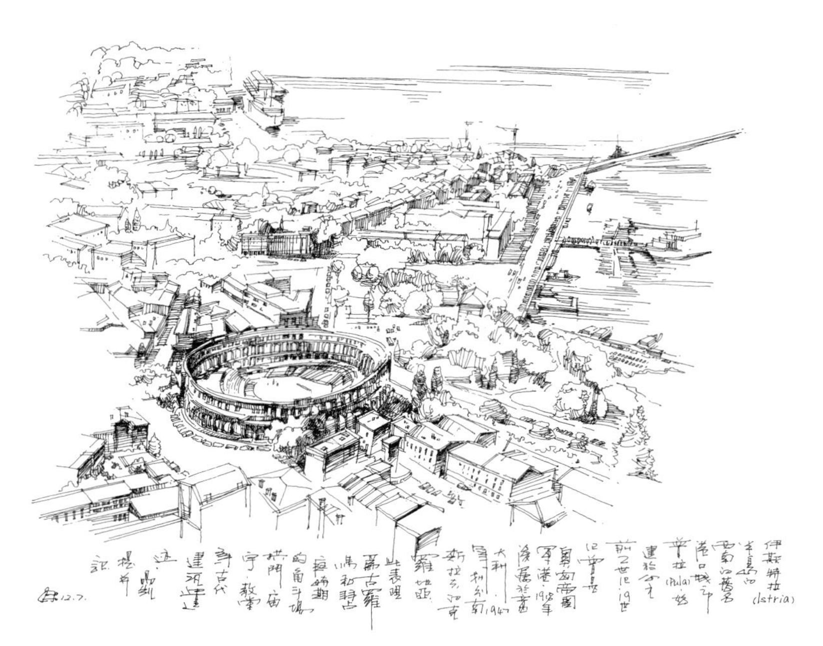

场景表现概括统一，同时也比较注重视觉效果。

图 4–10 A　建筑景观环境效果图 / 线稿

图 4–10 B　建筑景观环境效果图 /A3/ 线稿 / 马克笔 / 彩铅

景观场景自然舒展，水环境与小品表现生动。

图 4–11 A 景观环境效果图 / 线稿

图 4–11 B 景观环境效果图 /A3/ 线稿 / 马克笔 / 彩铅

强调绘画视觉感觉，景深丰富，细部刻画到位。

图 4-12 A　景观环境效果图 / 线稿

图 4-12 B　景观环境效果图 /A3/ 线稿 / 马克笔 / 彩铅

场景视觉感强，用笔大胆统一，概括表现生动。

图 4–13 A 建筑景观环境效果图 / 线稿

图 4–13 B 建筑景观环境效果图 /A3/ 线稿 / 马克笔 / 彩铅

画面用笔整体概括，讲求表现的节奏感。

图 4-14 A　建筑景观环境效果图 / 线稿

图 4-14 B　建筑景观环境效果图 /A3/ 线稿 / 马克笔 / 彩铅

场景大，表现手稿说明问题。

图 4–15 A 建筑景观 环境效果图 /A3/ 线稿

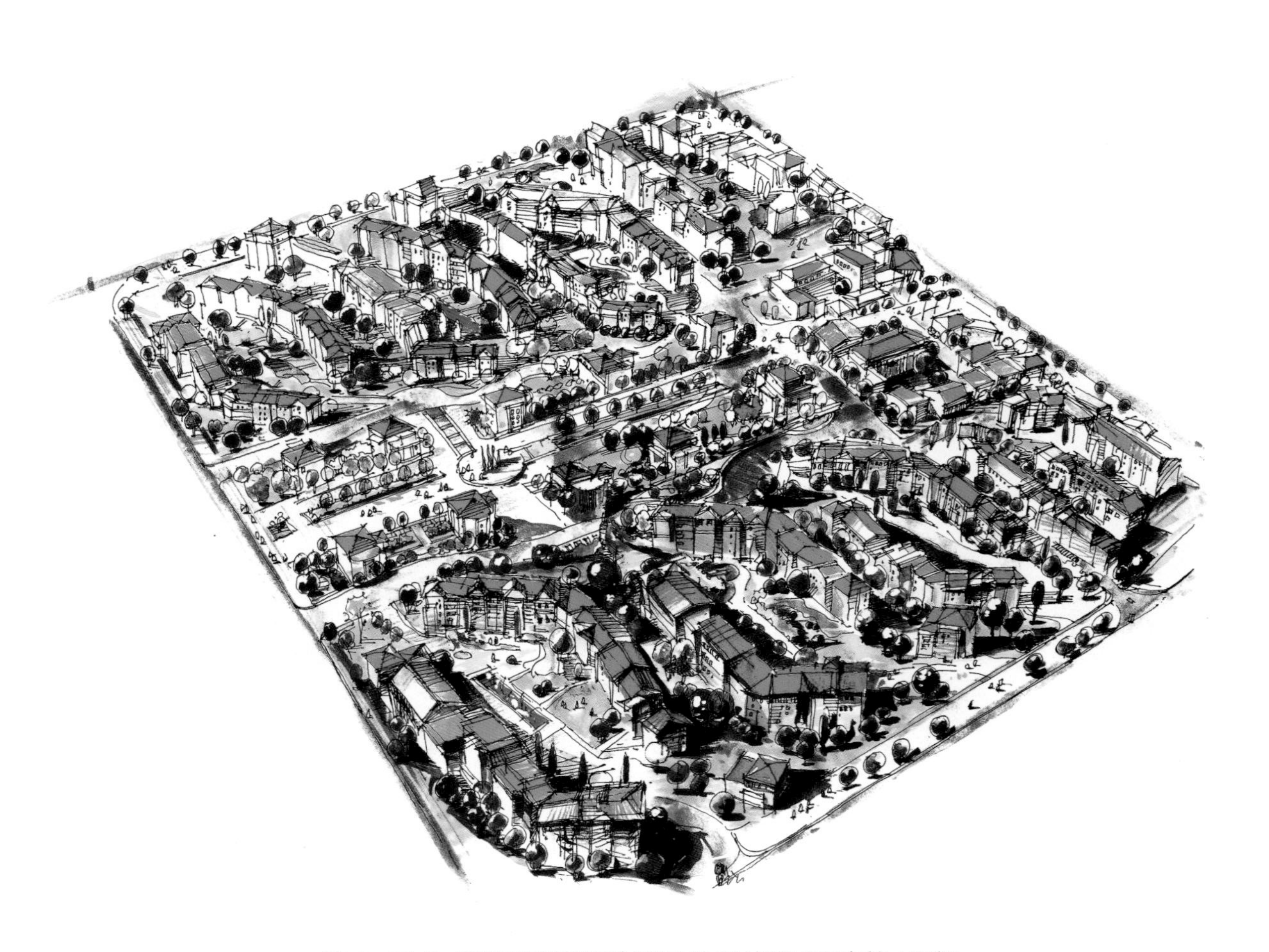

图 4–15 B 建筑景观环境效果图 /A3/ 线稿 / 马克笔 / 彩铅

景观环境表现细腻，
手法娴熟，艺术效果理想。

图 4-16 A 建筑景观环境效果图 / 线稿

图 4-16 B 建筑景观环境效果图 /A3/ 线稿 / 马克笔 / 彩铅

图 4-17 A 景观环境效果图 / 线稿

图 4-17 B 景观环境效果图 / 过程

图 4-17 C 景观环境效果图 /A3/ 线稿 / 马克笔 / 彩铅

图 4-18 A 建筑景观环境效果图 / 线稿

色彩表现整体，有一定的视觉感，细部刻画精巧。

图 4-18 B 建筑景观环境效果图 /A3/ 线稿 / 马克笔 / 彩铅

画面以线为主，颜色强调主要部位，用笔主次分明，效果极佳。

图 4–19 A 建筑景观环境效果图 / 线稿

图 4–19 B 建筑景观环境效果图 /A3/ 线稿 / 马克笔 / 彩铅

景观环境表现明确，画面生动，视觉效果好。

图 4-20 A　建筑景观环境效果图 / 线稿

图 4-20 B　建筑景观环境效果图 /A3/ 线稿 / 马克笔 / 彩铅

图 4-21 建筑景观环境效果图 /4 开 / 线稿 / 马克笔 / 彩铅

正确的执笔永远是手绘表现的根本。

图 4-22 建筑景观手绘演示

参考文献

[1]［美］约翰·O. 西蒙兹. 景观设计学［M］. 北京：中国建筑工业出版社，2000.

[2]［日］香山寿夫. 建筑意匠十二讲［M］. 宁晶译. 北京：中国建筑工业出版社，2006.

[3]［美］威托德·黎辛斯基. 建筑的表情［M］. 天津：天津大学出版社，2007.

[4] 王博. 世界十大建筑鬼才［M］. 湖北：华中科技大学出版社，2006.

[5]［美］K. 迈克尔·海斯. 建筑的欲望［M］. 北京：电子工业出版社，2012.

[6]［意］阿莱桑德拉·科帕. 马里奥·博塔［M］. 大连：大连理工大学出版社，2008.

[7]［英］彼得·罗宾逊. 小型水景设计［M］. 贵州：贵州科技出版社，2002.

[8] 孙彤宇. 建筑徒手表达［M］. 上海：上海人民美术出版社，2012.

[9] 汪尚拙，薛浩东. 彼得·埃森曼［M］. 天津：天津大学出版社，2003.

[10] 刘松茯，陈苏柳. 伦佐·皮亚诺［M］. 北京：中国建筑工业出版社，2007.

[11] 刘松茯，李鸽. 弗兰克·盖里［M］. 北京：中国建筑工业出版社，2007.

[12] 王侠丽，董莉萍. 色彩教学［M］. 辽宁：辽宁美术出版社，2005.

[13]［意］布鲁诺·赛维. 建筑空间论［M］. 张似赞译. 北京：中国建筑工业出版社，2006.

[14]［西］弗朗西斯科·阿森西奥切沃. 景观大师作品集［M］. 姬文桂译. 南京：江苏科学出版社，2003.

[15]［美］约翰·莫里斯·狄克逊. 城市空间与景观设计 4［M］. 北京：中国建筑工业出版社，2007.

[16]［瑞士］W. 博奥席耶. 勒·柯布西耶全集 2［M］. 牛燕芳，程超译. 北京：中国建筑工业出版社，2005.

后　记

本书于近日完成，历时近两年，中间因一些事情所误。本书除署名作品外，全部手绘表现稿均出自于本人，从插图、说明图到成稿效果图，大多是在教学和实际工程项目时所作。这样一本教材，十多年前我就想写一本。时至今日，教学改革在不断地深化，探索教育方法、教学方向、教学目的，以及培养什么样的学生已经提升为国家层面的教育重点，值得我们每一位教育工作者深思！

"学"与"教"对我们每位教师提出了更高的要求，培养"学以致用"的应用型人才，是我们现在教育的主导。那么，本书的出发点就是让学生通过学习手绘技法实训来掌握设计的基本技能。

本书在编写的过程中，得到了各方面的鼓励和帮助。在这里我要感谢我的家人、我的朋友和学生们，尤其要感谢中国建材工业出版社的信任和本书的责任编辑胡京平女士给予的鼓励与支持，在此深表感谢。

本书的编写还存在很多遗憾，也有不足之处，欢迎同行批评指正，也真心希望与同行们交流。

二〇一四年九月于冰城哈尔滨

带领学生写生

带领学生在中国赫哲族
博物馆施工现场

带领学生参加学校的社会活动

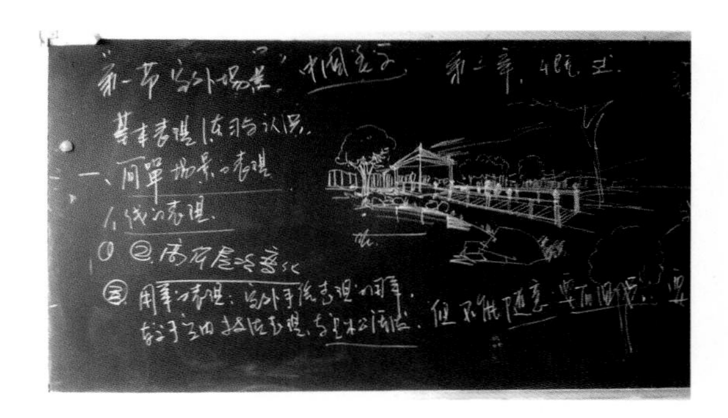

课堂教学 / 板书 / 课堂演示

责任编辑：胡京平

封面设计：汇彩设计 TEL:010-68343948

建筑景观环境手绘技法表现

普通高等院校艺术类规划教材

本书以训练基本手绘技能为出发点，由初步学习逐步深入到能够做出一些初步表现与设计方案，为将来成为一名设计师打下良好基础。从认识、学习到实践、赏析。学习内容以技能实践为主线，以专业需求为导向，从单体的认识学习到较完整的手绘表现；学习过程以启发学生思维、培养学生创造力为出发点，从临摹到分析学习、创作表现，由浅入深，由线稿练习到丰富的色彩、技法、表现手法、思维、创造力的学习，一气呵成。

市场营销部：010-88386906

编 辑 部：010-88364778

宣传推广部：010-68361706

网上书店：www.jccbs.com.cn

本社淘宝店：http://shop111593615.taobao.com/

建材出版社微信公众号

zgjcgycbs

上架建议：高校教材/艺术类

定价：59.80元